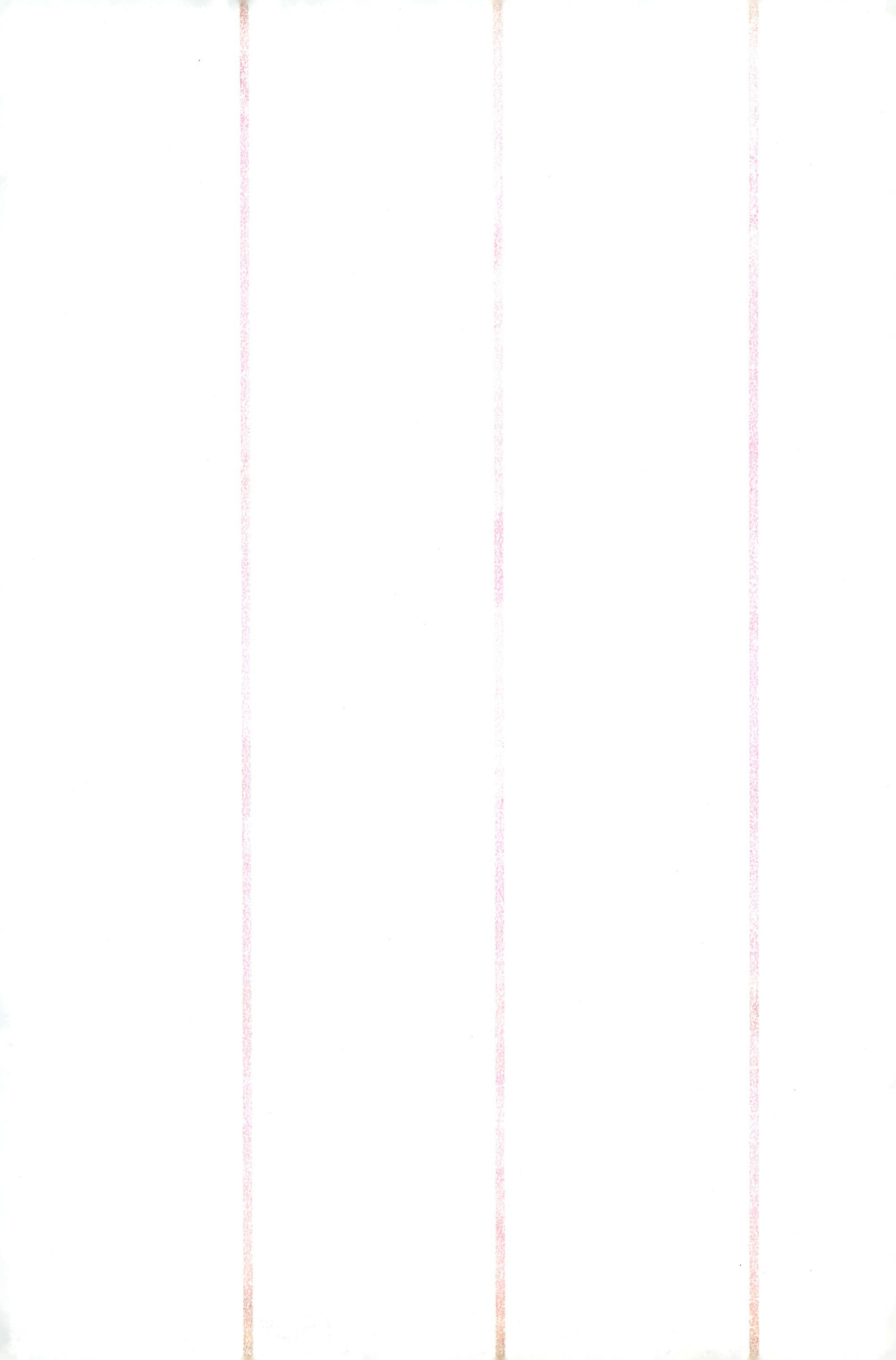

住房和城乡建设领域专业人员岗位培训考核系列用书

机械员考试大纲·习题集

（第二版）

江苏省建设教育协会　组织编写

中国建筑工业出版社

图书在版编目（CIP）数据

机械员考试大纲·习题集/江苏省建设教育协会组织编写．—2版．—北京：中国建筑工业出版社，2016.9
住房和城乡建设领域专业人员岗位培训考核系列用书
ISBN 978-7-112-19747-7

Ⅰ．①机… Ⅱ．①江… Ⅲ．①建筑机械-岗位培训-自学参考资料 Ⅳ．①TU6

中国版本图书馆CIP数据核字（2016）第210889号

本书作为《住房和城乡建设领域专业人员岗位培训考核系列用书》中的一本，依据《建筑与市政工程施工现场专业人员职业标准》JGJ/T 250—2011、《建筑与市政工程施工现场专业人员考核评价大纲》及全国住房和城乡建设领域专业人员岗位统一考核评价题库编写。全书共三部分，内容包括：专业基础知识、专业管理实务及模拟试题。

本书既可作为机械员岗位培训考核的指导用书，又可作为施工现场相关专业人员的实用工具书，也可供职业院校师生和相关专业人员参考使用。

责任编辑：杨 杰 刘 江 岳建光 范业庶
责任校对：李欣慰 党 蕾

住房和城乡建设领域专业人员岗位培训考核系列用书
机械员考试大纲·习题集（第二版）
江苏省建设教育协会 组织编写
*
中国建筑工业出版社出版、发行（北京海淀三里河路9号）
各地新华书店、建筑书店经销
霸州市顺浩图文科技发展有限公司制版
北京君升印刷有限公司印刷
*
开本：787×1092毫米 1/16 印张：11¾ 字数：284千字
2016年9月第二版 2018年10月第九次印刷
定价：**35.00**元
ISBN 978-7-112-19747-7
（28782）

住房和城乡建设领域专业人员岗位培训考核系列用书

编审委员会

出版说明

为加强住房和城乡建设领域人才队伍建设，住房和城乡建设部组织编制并颁布实施了《建筑与市政工程施工现场专业人员职业标准》JGJ/T 250—2011（以下简称《职业标准》），随后组织编写了《建筑与市政工程施工现场专业人员考核评价大纲》（以下简称《考核评价大纲》），要求各地参照执行。为贯彻落实《职业标准》和《考核评价大纲》，受江苏省住房和城乡建设厅委托，江苏省建设教育协会组织了具有较高理论水平和丰富实践经验的专家和学者，编写了《住房和城乡建设领域专业人员岗位培训考核系列用书》（以下简称《考核系列用书》），并于2014年9月出版。《考核系列用书》以《职业标准》为指导，紧密结合一线专业人员岗位工作实际，出版后多次重印，受到业内专家和广大工程管理人员的好评，同时也收到了广大读者反馈的意见和建议。

根据住房和城乡建设部要求，2016年起将逐步启用全国住房和城乡建设领域专业人员岗位统一考核评价题库，为保证《考核系列用书》更加贴近部颁《职业标准》和《考核评价大纲》的要求，受江苏省住房和城乡建设厅委托，江苏省建设教育协会组织业内专家和培训老师，在第一版的基础上对《考核系列用书》进行了全面修订，编写了这套《住房和城乡建设领域专业人员岗位培训考核系列用书（第二版）》（以下简称《考核系列用书（第二版）》）。

《考核系列用书（第二版）》全面覆盖了施工员、质量员、资料员、机械员、材料员、劳务员、安全员、标准员等《职业标准》和《考核评价大纲》涉及的岗位（其中，施工员、质量员分为土建施工、装饰装修、设备安装和市政工程四个子专业）。每个岗位结合其职业特点以及培训考核的要求，包括《专业基础知识》、《专业管理实务》和《考试大纲·习题集》三个分册。

《考核系列用书（第二版）》汲取了第一版的优点，并综合考虑第一版使用中发现的问题及反馈的意见、建议，使其更适合培训教学和考生备考的需要。《考核系列用书（第二版）》系统性、针对性较强，通俗易懂，图文并茂，深入浅出，配以考试大纲和习题集，力求做到易学、易懂、易记、易操作。既是相关岗位培训考核的指导用书，又是一线专业岗位人员的实用工具书；既可供建设单位、施工单位及相关高职高专、中职中专学校教学培训使用，又可供相关专业人员自学参考使用。

《考核系列用书（第二版）》在编写过程中，虽然经多次推敲修改，但由于时间仓促，加之编著水平有限，如有疏漏之处，恳请广大读者批评指正（相关意见和建议请发送至JYXH05@163.com），以便我们认真加以修改，不断完善。

本书编写委员会

主　　编：马　记
副 主 编：温锦明　蔡国英
编写人员：马夫华　宋建军　马致远

第二版前言

根据住房和城乡建设部的要求，2016 年起将逐步启用全国住房和城乡建设领域专业人员岗位统一考核评价题库，为更好贯彻落实《建筑与市政工程施工现场专业人员职业标准》JGJ/T 250—2011，保证培训教材更加贴近部颁《建筑与市政工程施工现场专业人员考核评价大纲》的要求，受江苏省住房和城乡建设厅委托，江苏省建设教育协会组织业内专家和培训老师，在《住房和城乡建设领域专业人员岗位培训考核系列用书》第一版的基础上进行了全面修订，编写了这套《住房和城乡建设领域专业人员岗位培训考核系列用书（第二版）》（以下简称《考核系列用书（第二版）》），本书为其中的一本。

机械员培训考核用书包括《机械员专业基础知识》、《机械员专业管理实务》、《机械员考试大纲·习题集》三本，反映了国家现行规范、规程、标准，并以国家现行技术与管理规范为主线，不仅涵盖了现场机械员应掌握的通用知识、基础知识、岗位知识和专业技能，还涉及新技术、新设备、新工艺、新材料等方面的知识。

本书为《机械员考试大纲·习题集》分册，全书共三部分，内容包括：专业基础知识、专业管理实务和模拟试题。

本书既可作为机械员岗位培训考核的指导用书，又可作为施工现场相关专业人员的实用工具书，也可供职业院校师生和相关专业人员参考使用。

像

粘罕・岳雷・关铃

第一版前言

为贯彻落实住房城乡建设领域专业人员新颁职业标准，受江苏省住房和城乡建设厅委托，江苏省建设教育协会组织编写了《住房和城乡建设领域专业人员岗位培训考核系列用书》，本书为其中的一本。

机械员培训考核用书包括《机械员专业基础知识》、《机械员专业管理实务》、《机械员考试大纲·习题集》三本，以现行国家规范、规程、标准为依据，以机械应用、机械管理为主线，内容不仅涵盖了现场机械管理人员应掌握的通用知识、基础知识和岗位知识，还涉及新设备、新工艺等方面的知识等。

本书为《机械员考试大纲·习题集》分册。全书包括机械员专业基础知识和专业管理实务的考试大纲，以及相应的练习题并提供参考答案和模拟试题。

本书既可作为机械员岗位培训考核的指导用书，也可供职业院校师生和相关专业技术人员参考使用。

目　录

第一部分

专业基础知识

一、考 试 大 纲

第1章　国家工程建设相关法律法规

1.1　法律法规的构成

(1) 了解学习法律法规知识的意义
(2) 了解我国的法律体系

1.2　《建筑法》

(1) 熟悉从业资格的有关规定
(2) 掌握建筑安全生产管理的有关规定
(3) 掌握建筑工程质量管理的规定

1.3　《安全生产法》

(1) 熟悉生产经营单位安全生产保障的有关规定
(2) 掌握从业人员权利和义务的有关规定
(3) 熟悉安全生产监督管理的有关规定
(4) 熟悉安全事故应急救援与调查处理的规定

1.4　《劳动法》、《劳动合同法》

(1) 熟悉劳动合同和集体合同的有关规定
(2) 熟悉劳动安全卫生的有关规定

1.5　《建设工程安全生产管理条例》、《建设工程质量管理条例》

(1) 熟悉施工单位安全责任的有关规定
(2) 熟悉施工单位质量责任和义务的有关规定

第2章　工程材料的基本知识

2.1　无机胶凝材料

(1) 了解无机胶凝材料定义、分类及性能
(2) 了解通常用水泥的品种、特性及应用

2.2　混凝土及砂浆

（1）了解混凝土的分类、组成材料及特性
（2）了解砂浆的分类、组成材料及特性

2.3　石材、砖和砌块

（1）了解砌筑用石材的分类及应用
（2）了解砖的分类及应用
（3）了解砌块的分类及应用

2.4　钢材

（1）了解金属材料的分类及特性
（2）了解一般机械零件用碳素钢、合金钢、铸铁、有色金属等材料的特性及选用原则

第3章　施工图识读、绘制的基本知识

3.1　施工图的基本知识

（1）了解房屋建筑工程施工图的种类、组成及作用
（2）了解建筑设备工程房屋建筑施工图的种类及作用、图示特点

3.2　施工图的识读

（1）了解房屋建筑施工图识读的步骤与方法
（2）了解施工图识读的方法

第4章　工程施工工艺和方法

4.1　地基与基础工程

（1）了解岩土的工程分类
（2）了解基坑（槽）开挖、支护及回填的主要方法
（3）了解混凝土基础施工工艺流程及施工要点

4.2　砌体工程

（1）了解砌体工程的种类
（2）了解砌体工程施工的主要工艺流程

4.3　钢筋混凝土工程

（1）了解常见模板的种类

（2）了解钢筋工程施工的主要工艺流程
（3）了解混凝土工程施工的主要工艺流程

4.4　钢结构工程

（1）了解钢结构的连接方法
（2）了解钢结构安装施工的主要工艺流程

4.5　防水工程

（1）了解防水工程的主要种类
（2）了解防水工程施工的主要工艺流程

第5章　工程项目管理的基本知识

5.1　施工项目管理的内容及组织

（1）熟悉施工项目管理的内容
（2）熟悉施工项目管理的组织机构

5.2　施工项目目标控制

（1）熟悉施工项目目标控制的任务
（2）熟悉施工项目目标控制的措施

5.3　施工资源与现场管理

（1）熟悉施工资源管理的方法任务和内容
（2）熟悉施工现场管理的任务和内容

第6章　工程力学的基本知识

6.1　平面力系

（1）了解力的基本性质
（2）了解力矩、力偶的性质
（3）了解平面力系的平衡方程

6.2　静定结构的杆件内力

（1）了解单跨静定梁的内力计算
（2）了解多跨静定梁内力的概念
（3）了解静定桁架内力的概念

6.3 杆件强度、刚度和稳定性

（1）了解杆件变形的基本形式
（2）了解应力、应变的概念
（3）了解杆件强度的概念
（4）了解杆件刚度和压杆稳定性的概念

第7章 工程预算的基本知识

7.1 工程造价的基本概念

（1）了解工程造价的构成
（2）了解工程造价的定额计价方法的概念
（3）了解工程造价的工程量清单计价方法的概念

7.2 建筑与市政工程施工机械使用费

（1）了解机械台班消耗量的确定
（2）了解机械台班预算单价的确定
（3）了解施工机械台班使用费的组成和计算方法

第8章 机械识图和制图的基本知识

8.1 投影的基本知识

（1）掌握点、直线、平面的投影特性
（2）掌握三视图的投影规律
（3）掌握基本体的三视图识读方法
（4）掌握组合体相邻表面的连接关系和基本画法

8.2 机械零件图及装配图的绘制

（1）掌握零件图的绘制步骤和方法
（2）掌握装配图的绘制步骤和方法

第9章 施工机械设备的工作原理、类型、构造及技术性能

9.1 常见机构类型及应用

（1）掌握齿轮传动的类型、特点和应用
（2）掌握螺纹和螺纹连接的类型、特点和应用

（3）掌握带传动的工作原理、特点和应用
（4）掌握轴的功用和类型

9.2 液压传动

（1）掌握液压传动原理
（2）掌握液压系统中各元件的结构和作用
（3）掌握液压回路的组成和作用

9.3 常见施工机械的工作原理、类型及技术性能

（1）掌握挖掘机的工作原理、类型及技术性能
（2）掌握铲运机的工作原理、类型及技术性能
（3）掌握装载机的工作原理、类型及技术性能
（4）掌握平地机的工作原理、类型及技术性能
（5）掌握桩工机械的工作原理、类型及技术性能
（6）掌握混凝土机械的工作原理、类型及技术性能
（7）掌握钢筋及预应力机械的工作原理、类型及技术性能
（8）掌握起重机的工作原理、类型及技术性能
（9）掌握施工升降机的工作原理、类型及技术性能
（10）掌握小型施工机械机具的类型及技术性能

二、习　　题

第1章　国家工程建设相关法律法规

一、单项选择题

1. ①《中华人民共和国安全生产法》、②《特种设备安全监察条例》、③《江苏省工程建设管理条例》、④《江苏省建筑施工起重机械设备安全监督管理规定》，四者之间的法律效力关系顺序是：(　　)。

A. ②①④③　　B. ①②③④　　C. ②①③④　　D. ③①④②

2. 下列不属于部门规章的是（　　）。

A.《建设工程安全生产管理条例》

B.《建筑起重机械安全监督管理规定》

C.《建设工程施工现场管理规定》

D.《建筑施工企业安全生产许可证管理规定》

3. 以下不属于行政法规的文件是（　　）。

A.《中华人民共和国标准化法》

B.《特种设备安全监察条例》

C.《中华人民共和国标准化法实施条例》

D.《建设工程安全生产管理条例》

4.《建筑法》是以（　　），对建筑活动作了明确的规定，是一部规范建筑活动的重要法律。

A. 规范建筑市场行为为起点　　B. 建筑工程质量为起点；

C. 建筑工程安全为起点　　D. 规范建筑市场行为为重点

5. 在中华人民共和国境内从事建筑活动，实施对建筑活动的监督管理，应当遵守（　　）。

A.《中华人民共和国建筑法》　　B.《中华人民共和国安全生产法》

C.《中华人民共和国劳动法》　　D.《建设工程安全生产管理条例》

6.《宪法》所规定的我国安全生产管理的基本原则是（　　）。

A. 安全第一、预防为主　　B. 加强劳动保护，改善劳动条件

C. 全员安全教育培训原则　　D. “三同时”原则

7. 下列不属于《建筑法》规定的从事建筑活动的建筑施工企业、勘察单位、设计单位和工程监理单位应当具备的条件的是（　　）。

A. 有符合国家规定的注册资本

B. 有与其从事的建筑活动相适应的具有法定职业资格的专业技术人员

C. 有从事相关建筑活动所应有的技术装备及法律、行政法规规定的其他条件

D. 有从事相关建筑活动的所应有的劳务人员

8. 下列有关我国建筑业企业资质等级分类说法错误的是（　　）。

A. 建筑工程施工总承包企业资质分为4个等级

B. 地基基础过程专业承包企业资质分3个等级

C. 施工劳务企业资质分2个等级

D. 施工劳务企业资质不分等级

9.《建筑法》规定：从事建筑活动的（　　），应当依法取得相应的执业资格证书，并在执业资格证书许可的范围内从事建筑活动。

A. 专业技术人员　　B. 专业管理人员

C. 专业劳务人员　　D. 所有人员

10.《建筑法》规定：建筑工程安全生产管理必须坚持（　　）的方针。

A. 安全第一、预防为主　　B. 安全生产、预防为主

C. 安全生产、群防群治　　D. 安全第一、群防群治

11.《建筑法》规定：施工现场安全由（　　）负责。

A. 建筑施工企业　　B. 建设单位

C. 监理单位　　D. 建设主管部门

12.《建筑法》规定：施工中发生事故时，（　　）应当采取紧急措施减少人员伤亡和事故损失，并按照国家有关规定及时向有关部门报告。

A. 建筑施工企业　　B. 建设单位

C. 监理单位　　D. 设计单位

13.《建筑法》规定：建设单位应当向建筑施工企业提供与施工现场有关的（　　），建筑施工企业应当采取措施加以保护。

A. 地下管线资料　　B. 地下管线

C. 建筑管线　　D. 管线资料

14.《建筑法》规定：涉及建筑主体和承重结构变动的装修工程，（　　）应当在施工前委托原设计单位或者具有相应资质条件的设计单位提出设计方案；没有设计方案的，不得施工。

A. 建设单位　　B. 施工单位　　C. 监理单位　　D. 勘察单位

15.《建筑法》规定：（　　）负责建筑安全生产的管理，并依法接受劳动行政主管部门对建筑安全生产的指导和监督。

A. 建设行政主管部门　B. 建设单位　　C. 施工单位　　D. 监理单位

16.《建筑法》规定：（　　）应当依法为职工参加工伤保险缴纳保险费。鼓励企业为从事危险作业的职工办理意外伤害保险，支付保险费。

A. 建设单位　　B. 建筑施工企业

C. 建筑设计单位　　D. 建筑监理单位

17.《建筑法》规定：建设单位不得以任何理由，要求（　　）在工程设计或者工程施工中，违反法律、行政法规和建设工程质量、安全标准，降低工程质量。

A. 建筑设计单位或者建筑施工企业

B. 建筑设计单位

C. 建筑施工企业

D. 建筑监理单位

18.《建筑法》规定：建筑工程的勘察、设计单位必须对其勘察、设计的质量负责。勘察、设计文件应当符合有关法律、行政法规的规定和建筑工程质量、安全标准、建筑工程勘察、型号、性能等技术指标，其质量要求必须符合（　　）规定的标准。

A. 国家　　B. 行业　　C. 地方　　D. 企业

19.《建筑法》规定：建筑设计单位对（　　）文件选用的建筑材料、建筑构配件和设备，不得指定生产厂、供应商。

A. 设计　　B. 建设　　C. 施工　　D. 监理

20.《建筑法》规定：建筑（　　）对工程的施工质量负责。

A. 设计单位　　B. 勘察单位　　C. 施工企业　　D. 监理单位

21.《建筑法》规定：建筑竣工时，屋顶、墙面不得留有渗流、开裂等质量缺陷；对已发现的质量缺陷，建筑（　　）应当修复。

A. 设计单位　　B. 勘察单位　　C. 施工企业　　D. 监理单位

22.《建筑法》规定：建筑工程（　　）。

A. 竣工经验收后，方可使用

B. 竣工验收合格后，方可使用

C. 竣工后，方可使用

D. 未竣工部分可以使用

23.《建筑法》规定：建筑工程的具体保修范围和保修期限由（　　）规定。

A. 国务院　　B. 住房和城乡建设厅

C. 省政府　　D. 住房和城乡建设局

24.《安全生产法》规定：（　　）负有依法对生产经营单位执行有关安全生产的法律、法规和国家标准或者行业标准的情况进行监督检查的职责。

A. 建设行政主管部门

B. 工商管理部门

C. 安全生产监督管理部门

D. 技术质量监督部门

25.《安全生产法》规定：矿山、建筑施工单位和危险品的生产、经营、储存单位，应当设置（　　）。

A. 安全生产管理机构

B. 专职安全生产管理人员

C. 安全生产管理措施

D. 安全生产管理组织

26.《安全生产法》规定：从业人员在（　　）人以下的，应当配备专职或兼职的安全生产管理人员或者委托具有国家规定的相关专业技术资格的工程技术人员提供的安全生产管理服务。

A. 300　　B. 200　　C. 100　　D. 50

27.《安全生产法》规定：生产经营单位的（　　）对本单位安全生产工作负有建立、健全本单位安全生产责任制；组织制定本单位安全生产规章制度和操作规程等职责。

A. 主要负责人　　B. 项目经理　　C. 专业技术人员　　D. 专职安全员

28.《安全生产法》规定：生产经营单位发生重大生产安全事故时，单位的（　　）应当立即组织抢救，并不得在事故调查处理期间擅离职守。

A. 主要负责人　　B. 项目经理　　C. 专业技术人员　　D. 专职安全员

29.《安全生产法》规定：生产经营单位的（　　）应当根据本单位的经营特点，对安全生产状况进行经常性检查；对检查中发现的安全问题，应当立即处理；不能处理的，应当及时报告单位有关负责人。

A. 企业法人　　B. 安全生产管理人员

C. 专业技术人员　　D. 质量检查人员

30.《安全生产法》规定：建设项目安全设施的设计人、设计单位应当对（　　）设计负责。

A. 安全设施　　B. 安全措施　　C. 安全组织　　D. 安全部门

31.《安全生产法》规定：矿山建设项目和用于生产、储存危险物品的建设项目竣工投入生产或者使用前，必须依照有关法律、行政法规的规定对（　　）进行验收；验收合格后，方可投入生产和使用。

A. 安全设施　　B. 安全措施　　C. 安全组织　　D. 安全材料

32.《安全生产法》规定：生产经营单位使用的涉及生命安全、危险性较大的特种设备，以及危险品的容器、运输工具，必须按照国家有关规定，由专业生产单位生产，并取得专业资质的检测、检验机构检测、检验合格，取得（　　），方可投入使用。

A. 安全使用证　　B. 安全标志

C. 安全使用证或安全标志　　D. 安全使用证和安全标志

33.《安全生产法》规定：涉及生命安全、危险性较大的特种设备的目录由（　　）负责特种设备安全监督管理的部门制定，报国务院批准后执行。

A. 国务院　　B. 省　　C. 直辖市　　D. 特大城市

34.《安全生产法》规定：生产经营单位的主要负责人和安全生产管理人员必须具备与本单位所从事的生产经营活动相应的（　　）。

A. 安全生产知识

B. 管理能力

C. 安全生产知识和管理能力

D. 安全生产知识或管理能力

35.《安全生产法》规定：县级以上地方各级人民政府应当组织有关部门制定本行政区域内（　　）应急救援预案，建立应急救援体系。

A. 生产安全事故

B. 重大生产安全事故

C. 较大生产安全事故

D. 一般生产安全事故

36.《安全生产法》规定：危险物品的生产、经营、储存单位以及矿山、建筑施工单位应当建立（　　）。

A. 应急救援体系

B. 应急救援组织

C. 应急救援制度

D. 应急救援队伍

37.《安全生产法》规定：生产经营单位负责人接到事故报告后，应当（　　）。

A. 迅速采取有效措施，组织抢救，防止事故扩大，减少人员伤亡和财产损失

B. 根据对单位的影响程度视情况向负有安全生产监督管理职责部门报告

C. 视事故进展情况有重点地向负有安全生产监督管理职责部门报告

D. 迅速整理事故现场

38.《安全生产法》规定：特种作业人员未按照规定经专门的安全作业培训并取得特种作业操作资格证书，上岗作业的，生产经营单位将受到责令限期改正，逾期未改正的，责令停产停业整顿，并处（　　）万元以下的罚款。

A. 2　　B. 5　　C. 2 万以上 5　　D. 5 万以上 10

39.《安全生产法》规定：生产经营单位未在有较大危险因素的生产经营场所和有关设施、设备上设置明显的安全警示标志的，生产经营单位将受到责令限期改正；逾期未改正的，处（　　）万元以下的罚款；情节严重的，责令停产停业整顿；构成犯罪的，依照刑法有关规定追究刑事责任。

A. 2　　B. 5　　C. 2 万以上 10　　D. 5 万以上 20

40.《安全生产法》规定：生产经营单位对重大危险源未登记建档，或者未进行评估、监控，或者未制定应急预案的，生产经营单位将受到责令限期改正；逾期未改正的，责令停产停业整顿，并处（　　）万元以下的罚款；构成犯罪的，依照刑法有关规定追究刑事责任。

A. 2　　B. 5　　C. 2 万以上 5　　D. 10 万以上 20

41.《安全生产法》规定：生产经营单位不具备本法和其他有关法律、行政法规和国家标准或行业标准规定的安全生产条件，经停产停业整顿仍不具备安全生产条件的(　　)。

A. 予以关闭　　B. 降低资质等级

C. 主要负责人调离岗位　　D. 予以罚款

42.《劳动法》规定：劳动合同是（　　）确立劳动关系、明确双方权利和义务的协议建立劳动关系应当订立劳动。

A. 劳动者与用人单位　　B. 劳动者与主管部门

C. 劳动者与人社部门　　D. 劳动者与作业班组

43.《劳动法》规定：劳动合同可以约定试用期，试用期最长不得超过（　　）个月。

A. 3　　B. 4　　C. 5　　D. 6

44.《劳动法》规定：集体合同由（　　）签订。

A. 工会与企业　　B. 职工与企业

C. 工会与主管部门　　D. 职工与主管部门

45.《劳动法》规定：劳动卫生设施必须符合（　　）规定的标准。

A. 国家　　　　B. 行业　　　　C. 地方　　　　D. 企业

46.《劳动法》规定：劳动者在劳动过程中必须严格遵守（　　）。

A. 安全操作规程　　B. 劳动纪律　　C. 企业规定　　D. 班组规定

47.《劳动法》规定：从事特种作业的劳动者必须（　　）。

A. 经过专门培训并取得特种作业资格

B. 有相关工作经历

C. 大概了解工作状况

D. 有师傅指导

48.《劳动合同法》规定：劳动者在该用人单位连续工作满（　　）年的，劳动者提出或者同意续订、订立合同的，应当订立无固定期劳动合同。

A. 4　　　　B. 6　　　　C. 8　　　　D. 10

49.《劳动合同法》规定：用人单位与劳动者应当按照劳动合同的约定，（　　）履行各自的义务。

A. 全面　　　　B. 看情况　　　　C. 专项　　　　D. 视条件

50.《劳动合同法》规定：在县级以下区域内，建筑业、采矿业、餐饮服务业等行业可以由工会与企业方面代表订立（　　）集体合同。

A. 行业　　　　B. 区域性

C. 行业或区域性　　　　D. 行业和区域性

51.《建设工程安全生产管理条例》规定，施工单位对列入建设工程概算的安全作业环境及安全施工措施所需费用，应当用于（　　），不得挪作他用。

A. 施工安全防护用具及设施的采购和更新

B. 安全施工措施的制定

C. 安全生产条件的改变

D. 人员奖金的发放

52.《建设工程安全生产管理条例》规定，施工单位的（　　）依法对本单位的安全生产工作全面负责。

A. 负责人　　B. 主要负责人　　C. 项目负责人　　D. 班组长

53.《建设工程安全生产管理条例》规定，施工单位采购、租赁的安全防护用具、机械设备、施工机具及配件，应当具有（　　），并在进入施工现场前进行查验。

A. 生产（制造）许可证、制造监督检验证明

B. 生产（制造）许可证、产品合格证

C. 产品合格证、自检合格证

D. 制造监督检验证明、自检合格证

54.《建设工程安全生产管理条例》规定，施工单位在使用施工起重机械和整体提升脚手架、模板等自升式架设设施前，应当组织有关单位进行验收，使用承租的机械设备和施工机具及配件的，由（　　）组织验收。验收合格的方可使用。

A. 施工总承包单位

B. 分包单位

C. 出租单位和安装单位

D. 施工总承包单位、分包单位、出租单位和安装单位共同

55.《建设工程安全生产管理条例》规定，建设工程施工前，施工单位（　　）应当对有关安全施工的技术要求向施工作业班组、作业人员作出详细说明，并双方签字确认。

A. 负责人

B. 项目管理负责人

C. 负责项目管理的技术人员

D. 项目施工人

56.《建设工程安全生产管理条例》规定：违反本条例规定，为建设工程提供机械设备和配件的单位，未按照安全施工的要求配备齐全有效的保险、限位等安全设施和装置的，责令限期改正，处合同价款（　　）的罚款；造成损失的，依法承担赔偿责任。

A. 1倍以上3倍以下

B. 2倍以上

C. 2倍以下

D. 3倍以下

57.《建设工程安全生产管理条例》规定：违反本条例规定，出租单位出租未经安全性能检测或经检测不合格的机械设备和施工机具及配件的，责令停业整顿，并处（　　）的罚款；造成损失的，依法承担赔偿责任。

A. 1万以上3万以下

B. 2万以上5万以下

C. 3万以上7万以下

D. 5万以上10万以下

58.《建设工程安全生产管理条例》规定：违反本条例规定，施工起重机械和整体提升脚手架、模板等自升式架设设施安装、拆卸单位未编制拆装方案、制定安全施工措施的，责令限期改正，处（　　）的罚款，情节严重的，责令停业整顿，降低资质等级，直至吊销资质证书；造成损失的，依法承担赔偿责任。

A. 1万元以上3万元以下

B. 5万元以上10万元以下

C. 8万元以上10万元以下

D. 10万元以上30万元以下

59.《建设工程安全生产管理条例》规定：违反本条例规定，施工单位使用未经验收或者验收不合格的施工起重机械和整体提升脚手架、模板等自升式架设设施的，责令限期改正，逾期未改正的，责令停业整顿，并处（　　）的罚款；情节严重的，降低资质等级，直至吊销资质证书；造成重大安全事故，构成犯罪的，对直接责任人员，依照刑法有关规定追究刑事责任；造成损失的，依法承担赔偿责任。

A. 1万元以上3万元以下

B. 5万元以上10万元以下

C. 8万元以上10万元以下

D. 10万元以上30万元以下

60.《建筑工程质量管理条例》规定：发生重大工程质量事故隐瞒不报、谎报或者拖

延报告期限的，对直接负责的主管人员和其他责任人员依法给予（　　）。

A. 行政处分

B. 刑事处理

C. 经济处罚

D. 岗位变更

二、多项选择题

1. 下列关于法律和技术标准规范相互之间关系表达正确的是：（　　）。

A. 法律和技术标准规范之间没有任何关系

B. 法律和技术标准规范既有联系也有区别

C. 强制性技术标准规范其本身就是法

D. 只要违反技术标准规范就要追究其法律责任

E. 推荐性技术标准也是法律的一部分

2. 与建筑机械相关的法律有（　　）。

A.《中华人民共和国建筑法》

B.《中华人民共和国安全生产法》

C.《特种设备安全监察条例》

D.《实施工程建设强制性标准监督规定》

E.《中华人民共和国标准化法》

3.《建筑法》规定：建筑工程设计应当符合按照国家规定制定的建筑（　　）。

A. 安全规程　　B. 技术规范　　C. 安全规范

D. 技术规程　　E. 安全性能

4.《建筑法》规定：建筑施工企业在编制施工组织设计时，应当根据建筑规程的特点制定相应的安全技术措施；对专业性较强的工程项目，应当（　　）。

A. 编制专项安全施工组织设计

B. 采取安全技术措施

C. 编制专业安全施工组织设计

D. 编制安全技术措施

E. 采取安全技术设计

5.《建筑法》规定：建筑施工企业应当在施工现场（　　）；有条件的，应当对施工现场实行封闭管理。

A. 采取维护安全　　B. 防范危险　　C. 预防火灾

D. 采取维修安全　　E. 杜绝危险

6.《建筑法》规定：建筑施工企业必须（　　）。

A. 依法加强对建筑安全生产的管理

B. 执行安全生产制度

C. 采取有效安全措施

D. 防止伤亡和其他安全生产事故的发生

E. 杜绝伤亡和其他安全生产事故的发生

7.《中华人民共和国建筑法》规定，建筑施工企业必须（　　）。

A. 依法加强对建筑安全生产的管理

B. 执行安全生产责任制度

C. 采取有效措施，防止伤亡事故发生

D. 采取有效措施，防止其他安全生产事故的发生

E. 发生安全事故应采取回避措施

8.《建筑法》规定：施工现场安全（　　）。

A. 由建筑施工企业负责

B. 实行施工总承包的，由总承包单位负责

C. 分包单位向总承包单位负责

D. 分包单位向建设单位负责

E. 分包单位服从总承包单位对施工现场的安全生产管理

9.《建筑法》规定：建筑施工企业和作业人员在施工过程中，（　　）。

A. 应当遵守有关安全安全生产的法律法规

B. 应当遵守建筑业安全规章

C. 应当遵守建筑业安全规程

D. 不得违章指挥或违章作业

E. 可以视情况随意指挥或作业

10.《建筑法》规定：房屋拆除应当（　　）。

A. 由具备保证安全条件的建筑施工单位承担

B. 由建筑安装单位承担

C. 由建筑施工单位负责人对安全负责

D. 由监理单位负责人对安全负责

E. 由建筑施工单位项目负责人对安全负责

11.《建筑法》规定：作业人员有权（　　）。

A. 对影响人身健康的作业程序提出改进意见

B. 对影响人身健康的作业条件提出改进意见

C. 获得安全生产所需的防护用品

D. 对危及生命安全和人身健康的行为提出批评、检举和控告

E. 对危及生命安全和人身健康的行为提出检讨

12.《建筑法》规定：建筑施工企业必须按照（　　），对建筑材料、建筑构配件和设备进行检验，不合格的不得使用。

A. 工程设计要求　　B. 施工技术标准　　C. 合同的约定

D. 建设单位要求　　E. 监理单位要求

13.《建筑法》规定：交付竣工验收的建筑工程，必须（　　）。

A. 符合规定的建筑工程质量标准

B. 有完整的工程技术经济资料

C. 有经签署的工程保修书

D. 具备国家规定的其他竣工条件

E. 有完整的工程结算清单

14.《建筑法》规定：建筑工程的保修范围应当包括（　　），供冷、供热系统工程等项目。

A. 地基基础工程

B. 主体结构工程

C. 屋面防水工程和其他土建工程

D. 电气管线、上下水管线的安装工程

E. 装饰装修工程

15.《安全生产法》规定：生产经营单位应当在有较大危险因素的（　　），设置明显的安全警示标志。

A. 生产经营场所　　B. 有关设施上　　C. 有关设备上

D. 办公室内　　E. 生活场所

16.《安全生产法》规定：生产经营单位应当对从业人员进行安全生产教育和培训，保证从业人员（　　）。

A. 具备必要的安全生产知识

B. 熟悉有关的安全生产规章制度

C. 熟悉有关的安全操作规程

D. 掌握本岗位的安全操作技能

E. 具有一定的安全设备

17.《安全生产法》规定：生产经营单位必须对安全设备进行（　　），保证正常运转。

A. 经常性的维护　　B. 经常性的保养　　C. 定期检测

D. 定期维护　　E. 定期保养

18.《安全生产法》规定：生产经营单位对重大危险源应当（　　）。

A. 登记建档　　B. 进行定期检测　　C. 进行评估监控

D. 制定应急预案　　E. 告知从业人员和相关人员应当采取的应急措施

19.《安全生产法》规定：生产经营场所和员工宿舍应当设有（　　）的出口。

A. 符合紧急疏散要求　　B. 标志明显　　C. 保持畅通

D. 封闭　　E. 堵塞

20.《安全生产法》规定：两个以上生产经营单位在同一作业区域内进行生产经营活动，可能危及对方生产安全的，应当（　　）。

A. 签订安全生产管理协议

B. 明确各自的安全生产管理职责

C. 明确应当采取的安全措施

D. 指定专职安全生产管理人员进行安全检查与协调

E. 指定专职安全生产管理人员进行安全检查与监督

21.《安全生产法》规定了生产经营单位的从业人员享有（　　）等权利。

A. 知情权

B. 批评权和检举、控告权及拒绝权

C. 紧急避险权

D. 请求赔偿权

E. 服从管理

22.《安全生产法》规定了生产经营单位的从业人员应尽的义务包括（　　）等。

A. 自觉遵规

B. 自觉学习

C. 危险报告

D. 紧急避险

E. 服从管理

23.《建设工程安全生产管理条例》规定：施工单位从事建设工程的新建、扩建、改建和拆除等活动，应当具备国家规定的（　　）等条件，依法取得相应等级的资质证书，并在其资质等级许可的范围内承揽工程。

A. 注册资本

B. 专业技术人员

C. 技术装备

D. 安全生产

E. 劳务人员

24. 根据《建设工程安全生产管理条例》，施工单位应当在施工现场入口处、施工起重机械、临时用电设施、脚手架、出入通道口、楼梯、楼梯口、桥梁口、（　　）、基坑边沿、爆破物及有害危险气体和液体存放处等危险部位，设置明显的安全警示标志。

A. 电梯井口

B. 孔洞口

C. 施工起重机械驾驶室门口

D. 隧道口

E. 办公室门口

三、判断题（正确的在括号内填"A"；不正确的在括号内填"B"）

1. 我国宪法规定的安全生产的基本原则是：加强劳动保护，改善劳动条件。（　　）

2. 我国建筑业企业资质分为施工总承包、专业承包和施工劳务三个序列。（　　）

3. 从事建筑活动的专业技术人员，只要取得相应的执业资格证书，就可从事建筑活动。（　　）

4. 施工现场对毗邻的建筑物、构筑物和特殊作业环境可能造成损害的，建设单位应当采取防护措施。（　　）

5. 建筑工程经竣工验收后，即可交付使用。（　　）

6. 生产经营单位不得使用国家明令淘汰、禁止使用的危及生产安全的工艺、设备。（　　）

7. 生产经营单位不得将生产经营项目、场所、设备发包或者出租给任意单位或个人。（　　）

8. 从业人员发现直接危及人身安全的紧急情况时，有权停止作业或者在采取可能的

应急措施后撤离作业场所。 （ ）

9. 从业人员应当接受安全生产教育和培训，掌握本职工作所需的安全生产知识，提高安全技能，增强事故预防和应急处理能力。 （ ）

10. 从业人员在作业过程中，应当严格遵守本单位的安全生产规章制度和操作规程，服从管理，正确佩戴和使用劳动防护用品。 （ ）

11. 负有安全生产监督管理职责的部门依法对生产经营单位执行有关安全生产的法律、法规和国家标准或者行业标准的情况进行监督检查不得影响被检查单位的正常生产经营活动。 （ ）

12. 生产经营单位发生安全事故后，事故现场有关人员应当报告本单位负责人。

（ ）

13. 任何单位和个人都应当支持、配合事故抢救，并提供一切便利条件。 （ ）

14. 《劳动法》制定的依据是《宪法》。 （ ）

15. 新建、改建、扩建工程的劳动安全卫生设施必须与主体工程同时设计、同时施工、同时投入生产和使用。 （ ）

16. 用人单位制定的劳动规章制度违反法律、法规规定的，由建设行政部门给予警告，责令改正；并可以处以罚款。 （ ）

17. 用人单位必须建立、健全劳动安全卫生制度，严格执行国家劳动安全卫生规程和标准，对劳动者进行劳动安全卫生教育，防止劳动过程中的事故，减少职业危害。（ ）

18. 用人单位应当严格执行劳动定额标准，不得强迫或者变相强迫劳动者加班。用人单位安排加班的，应当根据单位经费情况支付加班费。 （ ）

19. 用人单位与劳动者协商一致，可以解除劳动合同。 （ ）

20. 《劳动合同法》规定：个人承包经营违反本法规定招用劳动者，给劳动者造成损害的，发包的组织与个人承包经营者承担连带赔偿责任。 （ ）

21. 作业人员应当遵守安全施工的强制性标准、规章制度和操作规程，正确使用安全防护用具、机械设备等。 （ ）

22. 建设工程实行总承包的，由总承包单位对现场的安全生产负总责。 （ ）

23. 分包单位应当服从总承包单位的安全生产管理，分包单位不服从管理导致安全生产事故的，由分包单位承担全部责任。 （ ）

24. 《建设工程安全生产管理条例》规定，作业人员进入新的岗位或者新的施工现场前，应当接受安全生产教育培训。未经教育培训或者教育培训考核不合格的人员，不得上岗作业。 （ ）

25. 建筑特种作业人员，必须按照国家规定经过专门的安全作业培训，方可上岗。

（ ）

26. 施工单位应当依法取得相应等级的资质证书，并在其资质等级许可的范围内承揽工程。 （ ）

27. 施工单位在施工过程中发现设计文件和图纸有差错的，应当及时提出意见和建议。 （ ）

28. 施工人员对涉及结构安全的试块、试件以及有关材料应当在建设单位或者工程监

理单位监督下现场取样，并送质量检测单位进行检测。（ ）

29. 生产经营单位不得因从业人员对本单位安全生产工作提出批评、检举、控告或者拒绝违章指挥、强令冒险作业而降低其工资、福利等待遇或者解除与其订立的劳动合同。（ ）

30. 生产、经营、储存、使用危险品的车间、商店、仓库可以与员工宿舍在同一建筑物内。（ ）

31. 工会有权对建设项目的安全设施与主体工程同时设计、同时施工、同时投入生产和使用进行监督，提出意见。（ ）

32. 安全生产监督检查人员执行监督任务时，必须出示有效的监督证件；对涉及被检查单位的技术秘密和业务秘密，应当为其保密。（ ）

33. 劳动合同可以以书面形式订立。（ ）

34. 劳动者在试用期间被证明不符合录用条件的，用人单位可以解除劳动合同。（ ）

35. 用人单位未按照劳动合同约定支付劳动报酬或者提供劳动条件的，劳动者可以随时通知用人单位解除劳动合同。（ ）

36. 用人单位不得克扣或者无故拖欠劳动者工资。（ ）

四、综合（计算）题

某施工单位（无相应的起重机械安装资质）向租赁公司承租了一台塔式起重机用于现场施工，在使用过程中，该塔式起重机需要进行顶升作业，由于原安装单位因故不能来到施工现场，施工单位在没有专项施工方案的情况下，组织了本单位的部分设备管理及技术人员自行进行塔式起重机顶升作业，由于人员紧张，施工单位未安排专门人员进行现场安全管理。作业过程中不幸导致塔式起重机倾翻，并造成重大伤亡事故。请根据上述情况回答下列问题：

1. 建筑起重机械在使用过程中需要附着的，使用单位下列做法中（ ）是不正确的。（单选题）

A. 应当委托原安装单位按照专项施工方案实施

B. 应当委托具有相应资质的安装单位按照专项施工方案实施

C. 验收合格后方可投入使用

D. 验收后方可投入使用

2. 本案中，对施工单位由于未安排专门人员进行现场安全管理可以处（ ）以下的罚款。（单选题）

A. 一万元

B. 二万元

C. 五万元

D. 十万元

3. 在本案中，原安装单位因故未能到现场进行塔式起重机顶升作业，施工单位正确的做法是：（ ）。（多选题）

A. 在保证安全的条件下，施工单位可以自行进行操作

B. 可以聘请具有相应资质的安装单位进行操作

C. 无论什么情况，都得由原安装单位进行操作

D. 塔式起重机顶升作业需要专项施工方案

E. 验收塔式起重机是合格产品后，施工单位可以进行安装操作

4. 在本案中，如果该施工单位对事故进行瞒报，并导致贻误事故抢救时机，且情节严重的，对责任人应当给予降级、撤职的处分，但安全生产监督管理部门可以不给予任何罚款。（　　）（判断题）

5. 塔式起重机附着、顶升作业均应当请具有相应资质的安装单位按专项施工方案进行。（　　）（判断题）

第2章　工程材料的基本知识

一、单项选择题

1. 无机胶凝材料就是能单独或与其他材料混合形成（　　），经物理或化学作用转变成坚固的石状体的一种无机非金属材料，也称无机胶结料。

A. 混合物　　B. 混合液体　　C. 混合浆体　　D. 塑性浆体

2. 胶凝材料按其化学组成，可分为有机胶凝材料与无机胶凝材料，下列属于有机胶凝材料的是（　　）。

A. 沥青　　B. 石灰　　C. 石膏　　D. 水泥

3. 细度是指水泥颗粒粗细程度。水泥（　　），但早期放热量和硬化收缩较大，且成本较高，储存期较短。

A. 颗粒愈粗，与水起反应的表面积愈大

B. 颗粒愈细，与水起反应的表面积愈大

C. 颗粒愈粗，水化较慢

D. 凝结硬化慢，早期强度高

4. 国家标准规定，六大常用水泥的初凝时间均不得短于（　　）min。

A. 5　　B. 15　　C. 30　　D. 45

5. 砂、石也称为骨料，在混凝土中（　　）作用，还起到抵抗混凝土在凝结硬化过程中的收缩作用。

A. 骨架　　B. 润滑　　C. 胶结　　D. 扩张

6. 混凝土通常分为C15、C20、C25、C30、C35、C40、C45、C50、C55、C60、C65、C70、C75、C80等14个等级，其中（　　）及以上的混凝土称为高强混凝土。

A. C40　　B. C50　　C. C60　　D. C70

7. 钢筋混凝土，被广泛应用于建筑结构中。浇筑混凝土之前，先（　　），经养护达到强度标准后拆模，所得即钢筋混凝土。

A. 进行绑筋支模后用模板覆盖钢筋骨架再浇入混凝土

B. 用模板覆盖钢筋骨架后进行绑筋支模再浇入混凝土

C. 进行绑筋支模后浇入混凝土再用模板覆盖钢筋骨架

D. 浇入混凝土后用模板覆盖钢筋骨架再进行绑筋支模

8. 建筑砂浆按用途不同，可分为砌筑砂浆、(　　)。

A. 抹面砂浆　　B. 水泥砂浆

C. 石灰砂浆　　D. 水泥石灰混合砂浆

9. 表观密度大于（　　）的为重质石材。

A. 800kg/m^3　　B. 1000kg/m^3　　C. 1800kg/m^3　　D. 2000kg/m^3

10. 轻质石材多用作（　　）材料。

A. 墙体　　B. 基础　　C. 桥涵　　D. 挡土墙

11. 常用于砌筑堤坝、挡土墙的石材是（　　)。

A. 毛石　　B. 粗料石　　C. 细料石　　D. 条石

12. 在砌筑工程中用于基础、房屋勒脚和毛石砌体的转角部位或单独砌筑墙体的石材是（　　)。

A. 毛石　　B. 粗料石　　C. 细料石　　D. 条石

13. 砌墙砖按照生产工艺分为烧结砖和（　　)。

A. 非烧结砖　　B. 实心砖　　C. 多孔砖　　D. 空心砖

14. 适用于清水墙和墙体装饰的是（　　）烧结普通砖。

A. 优等品　　B. 一等品　　C. 合格品　　D. 中等泛霜

15. 潮湿部位不能应用（　　）砖。

A. 优等品　　B. 一等品　　C. 合格品　　D. 中等泛霜

16. 烧结多孔砖与烧结普通砖相比，具有一系列的优点。下列不是其优点的是(　　)。

A. 自重大　　B. 节约黏土　　C. 节省燃料　　D. 烧成率高

17. 烧结多孔砖由于强度较高，主要用于（　　）层以下建筑物的承重部位。

A. 2　　B. 4　　C. 6　　D. 8

18. 砌块按用途可分为承重砌块和（　　）砌块。

A. 非承重　　B. 空心　　C. 实心　　D. 普通

19. 适用于一般工业与民用建筑的墙体和基础，但不宜用于长期受高温（如炼钢车间）和经常受潮的承重墙的砌块是（　　）砌块。

A. 粉煤灰　　B. 蒸汽加气混凝土

C. 普通混凝土小型空心　　D. 轻骨料混凝土小型空心

20. 轻骨料混凝土小型空心砌块是用轻粗骨料、轻砂（或普通砂）、水泥和水配置而成的干表观密度不大于（　　）kg/m^3 的混凝土空心砌块。

A. 1000　　B. 1250　　C. 1650　　D. 1950

21. 轻骨料混凝土小型空心砌块的强度等级（　　）以下的砌块主要用于保温墙体或非承重墙。

A. 3 级　　B. 3．5 级　　C. 4 级　　D. 4．5 级

22. 下列不属于混凝土中型空心砌块的优点的是（　　)。

A. 表观密度大　　B. 强度较高　　C. 生产简单　　D. 施工方便

23. 金属材料的性能包括金属材料的使用性能和工艺性能。下列性能中不属于其使用

性能的是（　　）。

A. 力学性能　　B. 物理性能　　C. 焊接性能　　D. 化学性能

24. 金属材料的性能包括金属材料的使用性能和工艺性能。下列性能中不属于其工艺性能的是（　　）。

A. 力学性能　　B. 焊接性能　　C. 切削加工性　　D. 铸造性能

25. 金属材料的性能包括金属材料的使用性能和工艺性能。下列性能中不属于其使用性能的是（　　）。

A. 强度　　B. 硬度　　C. 冲击韧性　　D. 焊接性能

26. 金属材料的性能包括金属材料的使用性能和工艺性能。下列性能中不属于其工艺性能的是（　　）。

A. 铸造性能　　B. 切削加工性　　C. 焊接性能　　D. 强度

27. 屈强比是指（　　）的比值。

A. σ_s 和 σ_e　　B. σ_s 和 σ_b　　C. σ_e 和 σ_s　　D. σ_b 和 σ_s

28. 下列不属于金属材料蠕变特点的是（　　）。

A. 金属材料的蠕变是在一定的温度下才能发生的

B. 金属材料的蠕变是在冲击载荷作用下产生

C. 发生蠕变现象时的应力较小

D. 发生蠕变现象时间长

29. 钢是指含碳量（　　）的铁碳合金。

A. 小于 2.11%　　B. 大于 2.11%　　C. 小于 3.21%　　D. 大于 3.21%

30. 铸铁是指含碳量（　　）的铁碳合金。

A. 小于 2.11%　　B. 大于 2.11%　　C. 小于 3.21%　　D. 大于 3.21%

31. 低碳钢的含碳量（　　）。

A. 小于 0.25%　　B. 大于 0.25%　　C. 小于 0.60%　　D. 大于 0.60%

32. 低合金钢的含合金元素总量小于（　　）。

A. 3%　　B. 5%　　C. 7%　　D. 10%

33. 高合金钢的含合金元素总量大于（　　）。

A. 3%　　B. 5%　　C. 7%　　D. 10%

34. 高碳钢的含碳量（　　）。

A. 大于 0.25%　　B. 大于 0.40%　　C. 小于 0.60%　　D. 大于 0.60%

35. Q345 钢材的强度为（　　）。

A. 极限强度 345MPa　　B. 屈服强度 345MPa

C. 极限强度 345kgf/cm^2　　D. 屈服强度 345kgf/cm^2

36. 铸造碳钢 ZG200-400 的极限强度和屈服强度是（　　）。

A. 200MPa 和 400MPa　　B. 400MPa 和 200MPa

C. 200kgf/cm^2 和 400kgf/cm^2　　D. 400kgf/cm^2 和 200kgf/cm^2

37. 可锻铸铁中的碳绝大部分是以（　　）的形式存在。

A. 球状石墨　　B. 短蠕虫状石墨　　C. Fe_3C　　D. 团絮状石墨

38. 白口铸铁中的碳绝大部分是以（　　）的形式存在。

A. 球状石墨　　B. 短蠕虫状石墨　　C. Fe_3C　　D. 团絮状石墨

39. 以下铸铁中，（　　）铸铁硬度最高。

A. 白口铸铁　　B. 灰口铸铁　　C. 可锻铸铁　　D. 球墨铸铁

40. 以下铸铁中，（　　）铸铁塑性、韧性最好，强度也最高。

A. 灰口铸铁　　B. 可锻铸铁　　C. 球墨铸铁　　D. 蠕墨铸铁

41. 普通黄铜是铜和（　　）组成的合金。

A. 锌　　B. 锡　　C. 铅　　D. 硅

42. 合金结构钢加入的合金元素的总量不超过（　　）。

A. 3%　　B. 5%　　C. 7%　　D. 10%

二、多项选择题

1. 建筑材料中，凡是自身经过一系列物理、化学作用，或与其他物质（如水等）混合后一起经过一系列物理、化学作用，能（　　）的物质，称为胶凝材料。

A. 由浆体变成坚硬的固体

B. 能将散粒材料胶结成整体

C. 能将块状材料胶结成整体

D. 能将片状材料胶结成整体

E. 由液体变成坚硬的固体

2. 下列材料属于无机胶凝材料的有（　　）。

A. 水泥　　B. 石灰　　C. 石膏　　D. 沥青　　E. 橡胶

3. 石灰的技术性质有（　　）。

A. 保水性好

B. 硬化较快、强度高

C. 耐水性差

D. 硬化时体积收缩小

E. 生石灰吸湿性强

4. 根据国家标准《水泥命名原则》GB 4131—2014 规定，水泥按其性能及用途可分为（　　）。

A. 通用水泥　　B. 专用水泥　　C. 特性水泥　　D. 黑水泥　　E. 白水泥

5. 混凝土按所用胶凝材料可分为（　　）、聚合物混凝土等。

A. 水泥混凝土

B. 石膏混凝土

C. 沥青混凝土

D. 水玻璃混凝土

E. 大体积混凝土

6. 强度是混凝土硬化后的主要力学性能。混凝土强度有（　　）和钢筋的粘结强度等。

A. 立方体抗压强度

B. 棱柱体抗压强度

C. 抗拉、抗弯强度

D. 抗剪强度

E. 抗折强度

7. 普通混凝土组成的主要材料有（　　）等。

A. 水泥　　B. 水　　C. 天然砂　　D. 石子　　E. 钢筋

8. 建筑砂浆的组成材料主要有（　　）和外加剂等。

A. 胶结材料　　B. 砂　　C. 掺和料　　D. 水　　E. 润滑油

9. 砂浆的技术性质包括（　　）等。

A. 和易性　　B. 强度等级　　C. 收缩性能　　D. 扩张性能　　E. 粘结力

10. 细料石的功能主要是用于砌筑较高级的（　　）。

A. 台阶　　B. 勒脚　　C. 墙体　　D. 房屋饰面　　E. 基础

11. 下列材料中，属于黑色金属材料的是（　　）。

A. 铜　　B. 合金钢　　C. 铝合金　　D. 铸铁　　E. 钢

12. 金属材料的性能包括金属材料的使用性能和工艺性能。下列性能中，属于其工艺性能的有（　　）。

A. 强度　　B. 硬度　　C. 铸造性能

D. 焊接性能　　E. 切削加工性

13. 洛氏硬度试验法与布氏硬度试验法相比有（　　）应用特点。

A. 操作简单　　B. 压痕小，不能损伤工件表面　　C. 测量范围广

D. 当测量组织不均匀的金属材料时，其准确性比布氏硬度高

E. 主要应用于硬质合金、有色金属、退火或正火钢、调质钢、淬火钢等

14. 金属材料的蠕变也是一种塑性变形，但它与一般的塑性变形相比，具有（　　）几个特点。

A. 金属材料的蠕变是在一定的温度下才能发生的，如钢在400℃以上才能发生蠕变

B. 发生蠕变现象时间长，一般要经过几百甚至几万小时才发生蠕变现象

C. 发生蠕变现象时的应力较小，低于本身的屈服点甚至低于弹性极限

D. 金属材料的蠕变是在冲击载荷作用下产生

E. 金属材料的蠕变是结构长期失稳条件下的塑性变形

15. Q235适合制造（　　）。

A. 螺栓　　B. 轧辊　　C. 型钢　　D. 吊钩　　E. 耐磨零件

16. T8碳素钢适用于制造（　　）。

A. 螺栓　　B. 低速刃具　　C. 手动工具　　D. 冷冲压模具　　E. 吊钩

17. 低合金高强度结构钢是（　　）高强度的钢。

A. 含碳量小于0.25%　　B. 含碳量小于0.20%

C. 合金元素的总量不超过3%　　D. 合金元素的总量不超过5%

E. 与相同含碳量的碳素结构钢比具有强度高，塑性、韧性好

18. 在下列优质碳素结构钢中，属于中碳钢的有（　　）。

A. 20　　B. 25　　C. 30　　D. 35　　E. 60

19. 有利于切削加工性的常用元素有：（　　）。

A. 碳 C　　B. 硫 S　　C. 磷 P　　D. 铅 Pb　　E. 锰 Mn

20. 塑料通常有如下（　　）特性。

A. 密度小，比强度高　　B. 具有优异的导电性能

C. 有良好的耐腐蚀性　　D. 对酸、碱及有机溶剂等具有良好的耐腐蚀性能

E. 强度低，耐热性差，膨胀系数大，蠕变量大，易老化

21. 按塑料的应用范围可把塑料分为（　　）。

A. 通用塑料　　B. 工程塑料　　C. 耐热塑料　　D. 耐磨塑料　　E. 耐蚀塑料

22. 橡胶具有如下（　　）特点。

A. 很高的弹性和储能性，是良好的抗震、减振材料

B. 良好的耐磨性、绝缘性及隔声性

C. 很好的耐蚀性特点

D. 良好的扯断强度和抗疲劳强度

E. 不透水、不透气、绝缘、耐燃等一系列可贵的性能

三、判断题（正确的在括号内填“A”；不正确的在括号内填“B”）

1. 水泥是水硬性胶凝材料，不仅能在空气中硬化，而且能更好地在水中硬化，保持并发展其强度。（　　）

2. 气硬性胶凝材料不能在空气中硬化。（　　）

3. 生石灰（块灰）可以直接用于工程，使用前无需进行熟化。（　　）

4. 建筑石膏由于颗粒较细，表面积小，故拌合时需水量小。（　　）

5. 为了保证有足够的时间在初凝之前完成混凝土的搅拌、运输和浇捣及砂浆的粉刷、砌筑等施工工序，初凝时间不宜过长。（　　）

6. 混凝土按生产方式可分为预拌混凝土和现场搅拌混凝土。（　　）

7. 石材按照表观密度的大小分为重质石材和轻质石材两类。（　　）

8. 工程中不得使用过火砖。（　　）

9. 变形不大的欠火砖可用于基础等部位。（　　）

10. 砌块应按规格、等级分批分别堆放，不得混杂。（　　）

11. 砌块堆放运输及砌筑时应有防御措施。（　　）

12. 砌块装卸时严禁碰撞、扔摔，应轻码轻放、不许翻斗倾斜。（　　）

13. 低碳钢的含碳量小于 0.25%。（　　）

14. 钢和铸铁都是铁碳合金。（　　）

15. 黄铜是以锡为主要合金元素的铜合金。（　　）

16. 形变铝合金的塑性比铸造铝合金要好。（　　）

17. 热固性塑料可反复成型与再生使用。（　　）

四、案例题

工程机械中，碳素结构钢得到了大量应用，其中 Q235 使用最为广泛。试问：

1. Q235 不适合制造（　　）。（单选题）

A. 螺栓　　B. 轴　　C. 型钢　　D. 轧辊

2. 如图所示，低碳钢的屈服点是指图中的（　　）。(单选题)

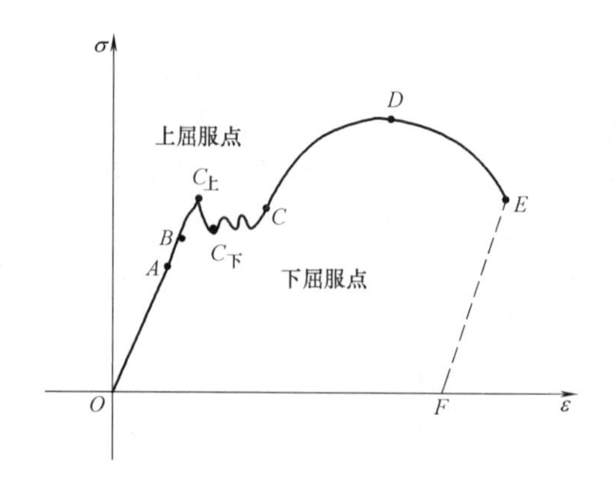

A. A 点　　B. B 点　　C. $C_上$ 点　　D. $C_下$ 点

3. Q235AF 中各符号的含义是（　　）。(多选题)

A. Q：代表屈服点

B. 235：屈服点数值

C. A：质量等级代号

D. F：沸腾钢

E. Q：代表断裂点

4. 一般硬度越高，耐磨性越差。（　　）(判断题)

5. 硬度越高，焊接性越好。（　　）(判断题)

第 3 章　施工图识读、绘制的基本知识

一、单项选择题

1. 房屋建筑施工图按照内容和（　　）的不同，可分为：建筑施工图、结构施工图和设备施工图。

A. 作用　　B. 房型　　C. 材料　　D. 质量

2. 建筑施工图中最重要、最基本的图样称为基本建筑图，（　　）不是基本建筑图。

A. 建筑总平面图　　B. 建筑平面图　　C. 建筑立面图　　D. 建筑剖面图

3. 建造房屋时，定位放线、砌筑墙体、安装门窗及装修的主要依据是（　　）。

A. 设计总说明　　B. 建筑施工图　　C. 结构施工图　　D. 设备施工图

4. 用来表达房屋平面布置情况的图是（　　）。

A. 建筑总平面图　　B. 建筑平面图　　C. 建筑立面图　　D. 建筑剖面图

5. 用来表达建筑物的地理位置和周围环境情况的图是（　　）。

A. 建筑总平面图　　B. 建筑平面图　　C. 建筑立面图　　D. 建筑剖面图

6. 用来表达房屋外部造型、门窗位置及形式的图是（　　）。

A. 建筑总平面图　　B. 建筑平面图　　C. 建筑立面图　　D. 建筑剖面图

7. 房屋建筑施工中，用以定位放线的依据是（　　）。

A. 建筑总平面图　　B. 建筑平面图　　C. 建筑立面图　　D. 建筑剖面图

8. 建筑施工图表达的内容主要包括空间设计和（　　）设计两方面的内容。

A. 房屋的造型　　B. 房屋的层数

C. 房屋的平面形状和尺寸　　D. 房屋的构造

9. 在房屋建筑施工图中，主要表达水、暖、电等设备的布置和施工要求的是（　　）图。

A. 设备施工　　B. 结构施工　　C. 建筑平面　　D. 建筑施工

10. 在建筑施工图中，建筑设计说明的内容不包括（　　）。

A. 门窗的类型　　B. 门窗的数量　　C. 门窗的规格　　D. 门窗的位置

11. 在建造房屋时，某些重要构件的结构做法必须依据（　　）进行。

A. 结构详图　　B. 结构设计说明书　　C. 结构平面布置图　　D. 结构特征

12. 基础平面布置图是房屋建筑施工图中的（　　）中的一种图样。

A. 结构施工图　　B. 建筑平面图　　C. 建筑总平面图　　D. 结构详图

13. 主要反映建筑物承重结构的布置、构件类型、材料、尺寸和构造做法等，是基础、柱、梁、板等承重构件以及其他受力构件施工的依据的图是（　　）。

A. 建筑施工图

B. 设备施工图

C. 结构施工图

D. 建筑设计图

14. 主要反映建筑物的给水排水、采暖通风、电气等设备的布置和施工要求等的图是（　　）。

A. 建筑施工图

B. 设备施工图

C. 结构施工图

D. 建筑设计图

15. 主要反映建筑物的整体布置、外部造型、内部布置、细部构造、内外装饰以及一些固定设备、施工要求等，是房屋施工放线、砌筑、安装门窗、室内外装修和编制施工预算及施工组织计划的主要依据图的是（　　）。

A. 建筑施工图

B. 设备施工图

C. 结构施工图

D. 建筑设计图

16. 在同张建筑施工图纸中，粗、中、细三种线宽的组合一般为（　　）。

A. b∶2b/3∶b/3

B. b∶2b/3∶b/4

C. b∶b/2∶b/4

D. b∶b/2∶b/3

17. 视图中，不应用细实线画的线条是（　　）。

A. 尺寸线

B. 剖面线

C. 指引线

D. 对称线

18. 建筑施工图上的尺寸不含（　　）。

A. 定形尺寸

B. 定位尺寸

C. 定向尺寸

D. 总体尺寸

19. 结构施工图一般包括结构设计说明等，但不包括（　　）。

A. 基础图

B. 建筑平面图

C. 各构件的结构详图

D. 结构平面布置图

20. 建筑施工图一般包括施工总说明、总平面图、建筑详图、门窗表等，但不包括（　　）。

A. 建筑平面图

B. 结构平面布置图

C. 建筑立面图

D. 建筑剖面图

21. 建筑施工图中，粗单点画线表示的是（　　）轨道线。

A. 吊篮　　B. 起重机（吊车）　　C. 施工升降机　　D. 电梯

22. 定位轴线是用来确定建筑物主要（　　）位置的尺寸基准线。

A. 用电设备　　B. 给、排水管道　　C. 燃气设备　　D. 结构与构件

23. 建筑总平面图及标高的尺寸以（　　）为单位。

A. 毫米　　B. 厘米　　C. 分米　　D. 米

24. 标高尺寸除总平面图外，均注写到小数点后（　　）位。

A. 1　　B. 2　　C. 3　　D. 4

25. 建筑构造详图及建筑构配件不可见轮廓线应画（　　）虚线。

A. 粗　　B. 中粗　　C. 中　　D. 细

26. 标高一般以建筑物（　　）地面作为相对标高的零点。

A. 底层室内　　B. 底层室外　　C. 地下一层室内　　D. 地下一层室外

27. 表示电梯、楼梯的位置及楼梯的上下行方向，是建筑（　　）图的图示内容。

A. 总平面　　B. 平面　　C. 立面　　D. 剖面

28. 在（　　）平面图附近绘制有指北针。

A. 底层　　B. 二层　　C. 中层　　D. 顶层

29. 立面图中的尺寸是表示建筑物高度方向的尺寸，一般用（　　）道尺寸线表示。

A. 一　　B. 二　　C. 三　　D. 四

30. 立面图中的最外道尺寸为（　　）高度。

A. 建筑物的总　　B. 层间　　C. 门窗洞口　　D. 楼地面

31. 识读建筑施工图前，应先阅读（　　），建立起建筑物的轮廓概念，了解和明确

建筑施工图平面、立面、面的情况。

A. 建筑施工图　　B. 结构施工图　　C. 结构设计说明　　D. 结构平面图

32. 阅读结构施工图目录的目的是了解（　　）。

A. 图样的数量和类型　　B. 工程概况

C. 采用的标准图　　D. 设备数量

33. 粗读结构平面图的目的是了解构件的（　　）。

A. 类型、数量和概况　　B. 类型、数量和位置

C. 数量、概况和位置　　D. 概况、位置和标准

二、多项选择题

1. 一套完整的房屋工程图，除建筑施工图、结构施工图、设备施工图外，还应有（　　）。

A. 图纸目录　　B. 平面图　　C. 立面图　　D. 剖面图　　E. 设计总说明

2. 在房屋建筑工程中，编制概预算的依据有建筑（　　）图。

A. 总平面　　B. 平面图　　C. 立面图　　D. 剖面图　　E. 结构

3. 在房屋建筑工程中，属于设备施工图的有（　　）施工图。

A. 给排水　　B. 采暖通风与空调　　C. 电气设备

D. 结构　　E. 建筑

4. 在房屋建筑工程中，结构平面布置图一般有（　　）布置图。

A. 基础平面　　B. 楼层结构　　C. 屋顶结构

D. 楼梯结构　　E. 屋架结构

5. 在房屋建筑工程中，结构施工图的作用，除了表示房屋骨架系统的结构类型外，还用以表示（　　）。

A. 构件布置　　B. 构件质量　　C. 构件种类

D. 构件的内内部构造　　E. 构件间的连接构造

6. 在房屋建筑工程中，不是开挖基槽主要依据的图有（　　）。

A. 结构施工图　　B. 建筑总平面图　　C. 建筑平面图

D. 建筑立面图　　E. 建筑剖面图

7. 定位轴线的编号宜注写在图的（　　）。

A. 下方

B. 左侧

C. 上方

D. 右侧

E. 前方

8. 房屋建筑施工图的图纸特点主要体现在（　　）绘制。

A. 各图样用正投影

B. 施工图用较小比例

C. 节点、剖面等部位用较大比例

D. 构配件按标准图例

E. 建筑材料任意

9. 建筑施工图中，粗实线表示（　　）的轮廓线。

A. 平、剖面图中被剖切的主要构造

B. 建筑立面图或室内立面图

C. 建筑构造详图中被剖切的主要部分

D. 建筑构配件详图中的外

E. 建筑构配件详图中的一般

10. 建筑物或构筑物的平面图、立面图、剖面图的图样比例有（　　）。

A. 1∶50

B. 1∶100

C. 1∶150

D. 1∶200

E. 1∶250

11. 在建筑平面图上编号次序应按（　　）编写。

A. 横向自左向右用阿拉伯数字编写

B. 横向自左向右用拉丁字母编写

C. 竖向自下而上用大写拉丁字母编写

D. 竖向自上而下用小写拉丁字母编写

E. 竖向自上而下用阿拉伯数字编写

12. 建筑施工图上的尺寸可分为（　　）尺寸。

A. 定形　　B. 定位　　C. 总体

D. 个体　　E. 分类

13. 房屋建筑施工图识读的循序渐进法就是根据投影关系、构造特点、图纸顺序，从前往后、（　　）、反复阅读。

A. 从上往下　　B. 从左往右　　C. 由内向外

D. 由小到大　　E. 由粗到细

三、判断题（正确的在括号内填“A”；不正确的在括号内填“B”）

1. 在建筑平面图上编号的次序是横向自左向右用大写拉丁字母编写，竖向自下而上用阿拉伯数字编写。（　　）

2. 在建筑平面图上编号的次序是横向自右向左用阿拉伯数字编写，竖向自下而上用大写拉丁字母编写。（　　）

3. 在建筑平面图上编号的次序是横向自左向右用阿拉伯数字编写，竖向自上而下用大写拉丁字母编写。（　　）

4. 定形尺寸表示各部位构造的大小，定位尺寸表示各部位构造之间的相互位置。（　　）

5. 建筑总平面图中的距离、标高及坐标尺寸宜以毫米为单位。（　　）

6. 房屋工程图是用斜投影的方法，将拟建房屋的内外形状、大小，以及各部分的结构、构造、装修、设备等内容，详细而准确地绘制成的图样。（　　）

7. 建筑施工图一般包括建筑设计说明、建筑总平面图、基本建筑图及建筑详图。

（　　）

8. 在房屋建筑施工图中，设备施工图一般都包括设计说明、设备的布置平面图和系统图等内容。（　　）

9. 在房屋建筑施工中，房间布置应以建筑立面图为依据。（　　）

10. 在房屋建筑工程中，房屋建筑施工的依据是建筑施工图。（　　）

11. 结构设计说明，包括设计依据，工程概况，自然条件，选用材料的类型、规格、强度等级等，但不包括选用标准图集。（　　）

12. 看基础详图防潮层的标高尺寸及做法，可了解防潮层距正负零的位置及其施工材料。（　　）

13. 梁的立面图表示梁的立面 轮廓、长度尺寸等。（　　）

14. 基础图通常包括基础立面图和基础详图。（　　）

15. 为了了解某个工程的基础，必须注意阅读基础平面图的图名。（　　）

16. 通过看基础平面图，可以了解基础底面的形状、大小尺寸及其与轴线的关系。

（　　）

17. 从基础底面标高可了解基础的埋置高度。（　　）

18. 看基础详图的施工说明，可了解对基础施工的要求。（　　）

19. 当该基础断面适用于多条基础的断面时，基础断面图中的轴线圆圈内仍需编号。

（　　）

20. 梁的立面图还表示钢筋在梁内上下、左右的配置。（　　）

四、计算题或案例分析题

建筑总平面图是较大范围内的建筑群和其他工程设施的水平投影图。看懂建筑总平面图和了解建筑施工图的基本知识也是机械员进行机械施工不可缺少的内容。试问：

1. 凡承重构件等位置都要画上定位轴线并进行编号，施工时以此作为定位的基准。（　　）不需要画上定位轴线并进行编号。（单选题）

A. 墙　　B. 柱　　C. 梁　　D. 门窗

2. 建筑总平面图是较大范围内的建筑群和其他工程设施的水平投影图。它一般不表示新建、拟建房屋的（　　），能表达占地面积与周围环境的关系。（单选题）

A. 具体位置　　B. 朝向　　C. 高程　　D. 构件结构

3. 建筑施工图一般包括施工总说明、总平面图、（　　）、建筑详图和门窗表等。（多选题）

A. 建筑平面图

B. 各构件的结构详图

C. 建筑立面图

D. 建筑剖面图

E. 结构平面布置图

4. 建筑总平面图是较大范围内的建筑群和其他工程设施的水平投影图。主要表示新建、拟建房屋的具体位置、朝向、高程、占地面积，以及与周围环境的关系。（　　）（判

断题）

5. 建筑总平面图中的距离、标高及坐标尺寸宜以米为单位。（　　）（判断题）

第4章　工程施工工艺和方法

一、单项选择题

1. 在土方施工中，根据岩土的坚硬程度和开挖方法将土分为（　　）类。

A. 七　B. 八　C. 九　D. 十

2. 在土方施工中，需用镐或撬棍、大锤挖掘，部分用爆破方法开挖的土是（　　）类土。

A. 三　B. 四　C. 五　D. 六

3. 在土方施工中，需用爆破方法开挖，部分用风镐开挖的土是（　　）类土。

A. 四　B. 五　C. 六　D. 七

4. 深基坑一般采用“（　　）”的开挖原则。

A. 分层开挖，先撑后挖　B. 分层开挖，先挖后撑

C. 一层开挖，先撑后挖　D. 一层开挖，先挖后撑

5. 如果天然冻结的速度和深度，能够保证挖方中的施工安全，则开挖深度在（　　）以内的基坑（槽）或管沟时，允许采用天然冻结法而不加支护。

A. 4m　B. 5m　C. 6m　D. 7m

6. 下列适用作软弱地基上的面积较小、平面形状简单、上部结构荷载大且分布不均匀的高层建筑物的基础和对沉降有严格要求的设备基础或特种构筑物基础的是（　　）。

A. 板式基础　B. 筏式基础　C. 杯形基础　D. 箱形基础

7. 适宜于需要“宽基浅埋”的场合下采用的基础是（　　）。

A. 板式基础　B. 筏式基础　C. 杯形基础　D. 箱形基础

8. 主要用于砌筑墙和柱的砌体是（　　）。

A. 砖砌体　B. 砌块砌体　C. 石材砌体　D. 配筋砌体

9. 多用于定型设计的民用房屋及工业厂房的墙体的砌体是（　　）。

A. 砖砌体　B. 砌块砌体　C. 石材砌体　D. 配筋砌体

10. 多用于带形基础、挡土墙及某些墙体结构的砌体是（　　）。

A. 砖砌体　B. 砌块砌体　C. 石材砌体　D. 配筋砌体

11. 采用内部振动器振捣普通混凝土，振动器插点的移动距离不宜大于其作用半径的（　　）。

A. 0.5倍　B. 1.0倍　C. 1.5倍　D. 2.0倍

12. 采用内部振动器振捣轻骨料混凝土时的插点间距则不大于其作用半径的（　　）。

A. 0.5倍　B. 1.0倍　C. 1.5倍　D. 2.0倍

13. 结构的类型跨度不同，其拆模强度不同。对于板和拱，跨度在2m以内时，不低于设计强度等级的（　　）。

A. 50%　B. 60%　C. 75%　D. 100%

14. 结构的类型跨度不同，其拆模强度不同。对于梁等承重结构，跨度在8m以内时，不低于设计强度等级的（　　）。

A. 50%　　B. 60%　　C. 75%　　D. 100%

15. 结构的类型跨度不同，其拆模强度不同。对于悬臂梁板，悬挑长度大于2m时，为设计强度等级的（　　）。

A. 50%　　B. 60%　　C. 75%　　D. 100%

16. 焊条直径选择的主要依据是（　　）。

A. 焊件厚度　　B. 接头类型　　C. 焊接位置　　D. 焊接层次

17. 高强度螺栓连接的正确操作工艺流程是：（　　）。

A. 施工材料准备→选择螺栓并配套→构件组装→安装临时螺栓→安装高强度螺栓→高强度螺栓紧固→检查验收。

B. 施工材料准备→构件组装→选择螺栓并配套→安装临时螺栓→安装高强度螺栓→高强度螺栓紧固→检查验收。

C. 施工材料准备→安装临时螺栓→选择螺栓并配套→构件组装→安装高强度螺栓→高强度螺栓紧固→检查验收。

D. 施工材料准备→选择螺栓并配套→安装临时螺栓→构件组装→安装高强度螺栓→高强度螺栓紧固→检查验收。

18. 扭剪型高强度螺栓的紧固分两次进行，第一次为初拧，紧固到螺栓标准预拉力的（　　）。

A. 50%～80%　　B. 60%～80%　　C. 50%～90%　　D. 60%～90%

19. 扭剪型高强度螺栓的紧固分两次进行，终拧紧固到螺栓标准预拉力，偏差不大于（　　）。

A. ±5%　　B. ±8%　　C. ±10%　　D. ±15%

20. 根据建筑物的性质、重要程度、使用功能要求及防水层耐用年限等，将屋面防水分为（　　）等级。

A. 三个　　B. 四个　　C. 五个　　D. 六个

21. 依靠防水混凝土本身的抗渗性和密实性来进行防水的是（　　）。

A. 卷材防水　　B. 结构自防水　　C. 设防水层防水　　D. 渗排水防水

22. 卷材防水层施工的一般工艺流程为：基层表面清理、修补→（　　）→收头处理、节点密封→清理、检查、修整→保护层施工。

A. 喷涂基层处理剂→定位、弹线、试铺→节点附加增强处理→铺贴卷材

B. 定位、弹线、试铺→喷涂基层处理剂→铺贴卷材→节点附加增强处理

C. 定位、弹线、试铺→喷涂基层处理剂→节点附加增强处理→铺贴卷材

D. 喷涂基层处理剂→节点附加增强处理→定位、弹线、试铺→铺贴卷材

二、多项选择题

1. 一般民用建筑按工程的部位和施工的先后次序可划分为（　　）等分部工程。

A. 基础工程　　B. 主体工程　　C. 屋面工程

D. 结构安装工程　　E. 装饰工程

2. 一般民用建筑按施工工种的不同可分为：（　　）屋面防水工程和装饰工程等分项工程。

A. 土石方工程　　B. 基础工程　　C. 砌筑工程

D. 钢筋混凝土工程　　E. 结构安装工程

3. 当基础土质均匀且地下水位低于基坑（槽）底面标高时，挖方边坡可挖成直坡式而不加支护，但挖深不宜超过"（　　）"的规定。

A. 密实、中密的碎石类和碎石类土（充填物为砂土）1.0m

B. 密实、中密的碎石类和碎石类土（充填物为砂土）1.5m

C. 坚硬的黏土 1.5m

D. 坚硬的黏土 2.0m

E. 硬塑、可塑的粉土及粉质黏土 1.25m

4. 当基础土质均匀且地下水位低于基坑（槽）底面标高时，挖方边坡可挖成直坡式而不加支护，但挖深不宜超过"（　　）"的规定。

A. 密实、中密的碎石类和碎石类土（充填物为砂土）1.0m

B. 硬塑、可塑的黏土 1.25m

C. 硬塑、可塑的粉土及粉质黏土 1.5m

D. 碎石类土（充填物为黏性土）1.5m

E. 坚硬的黏土 2.0m

5. 常用的护坡方法有：（　　）。

A. 帆布膜覆盖法　　B. 塑料膜覆盖法　　C. 坡面挂网法

D. 挂网抹浆法　　E. 巨石压坡法

6. 常用的坑壁支撑形式有（　　）等。

A. 衬板式　　B. 液压式　　C. 拉锚式

D. 锚杆式　　E. 斜撑式

7. 一般，砖墙的砌筑工艺流程有：（　　）、勾缝、清理等工序。

A. 抄平、放线　　B. 摆砖、立皮数杆　　C. 盘角、挂线

D. 砌筑　　E. 校正

8. 砌块施工的主要工序是：（　　）和镶砖。

A. 铺灰　　B. 砌块吊装就位　　C. 盘角、挂线

D. 校正　　E. 灌缝

9. 钢筋混凝土工程由（　　）组成。

A. 模板工程　　B. 组装工程　　C. 钢筋工程

D. 安装工程　　E. 混凝土工程

10. 钢筋混凝土工程包括（　　）施工过程。

A. 模板的制备与组装　　B. 模板加固　　C. 钢筋的加工

D. 钢筋的制备与安装　　E. 混凝土的制备与浇捣

11. 木模板按服务的建筑构件对象可分为（　　）等。

A. 基础模板　　B. 柱子模板　　C. 梁模板

D. 平模、角模模板　　E. 楼板楼梯模板

12. 混凝土工程包括混凝土的（　　）等施工过程。

A. 配制　　B. 拌制　　C. 运输

D. 浇筑捣实　　E. 养护

13. 混凝土搅拌制度的内容主要是指（　　）。

A. 搅拌机选择　　B. 混凝土配比　　C. 搅拌时间

D. 投料顺序　　E. 进料容量

14. 手工电弧焊焊接和高强度螺栓连接相比，手工电弧焊具有（　　）的特点。

A. 构造简单、加工方便　　B. 易于操作　　C. 节约钢材

D. 不削弱杆件截面　　E. 对疲劳不敏感

15. 钢结构连接的手工电弧焊操作流程有（　　）等。

A. 焊条选择　　B. 焊接工艺的选择

C. 焊口清理与焊条的烘焙　　D. 施焊操作

E. 无损检测

16. 施工现场的手工电弧焊焊焊接工艺选择主要有（　　）等的选择。

A. 焊条　　B. 焊条直径　　C. 焊接电流

D. 焊接电弧长度　　E. 焊接层数

17. 目前常用的钢网架吊装方法有（　　）等。

A. 高空散拼法　　B. 高空滑移法　　C. 整体吊装法

D. 地面组装一次顶升法　　E. 地面预组装顶升法

18. 目前钢网架的高空散拼法吊装，主要施工流程有：吊装机械的选择、（　　）等。

A. 构件准备　　B. 搭设拼装台　　C. 设置滑道

D. 构件拼装　　E. 拆除拼装台

19. 钢结构吊装前要做好（　　）技术准备工作。

A. 所有的测量用具必须经过检测合格方可使用

B. 起重工、电焊工要持证上岗，必要时还需进行现场培训

C. 所有钢构件吊装前，要进行预检，发现制作误差及时处理

D. 对基础进行严格的验收

E. 复杂结构要做拼装台试拼，检验构件尺寸

20. 建筑工程防水按其部位可分成（　　）等。

A. 刚性自防水　　B. 柔性防水　　C. 屋面防水

D. 地下防水　　E. 卫生间防水

21. 建筑工程防水按其构造做法可分成（　　）等。

A. 刚性自防水　　B. 柔性防水　　C. 屋面防水

D. 地下防水　　E. 卫生间防水

三、判断题（正确的在括号内填“A”；不正确的在括号内填“B”）

1. 深基坑一般采用“分层开挖，先撑后挖”的开挖原则。（　　）

2. 深基坑一般采用“分层开挖，先挖后撑”的开挖原则。（　　）

3. 如果下料长度按外包尺寸的总和来计算，则加工后钢筋尺寸将大于设计要求的尺

寸。（ ）

4. 如果下料长度按外包尺寸的总和来计算，则加工后钢筋尺寸将小于设计要求的尺寸。（ ）

5. 当构件按强度控制时，可按强度相等的原则代换。（ ）

6. 当构件按最小配筋率配筋时，可按钢筋面积相等的原则进行代换。（ ）

7. 混凝土工程属于隐蔽工程，因此混凝土的浇注检查结果均应填写隐检记录。（ ）

8. 焊条直径选择的主要依据是焊件厚度。（ ）

9. 其他条件相同时，碱性焊条的焊接电流要比酸性焊条小10%左右。（ ）

10. 其他条件相同时，酸性焊条的焊接电流要比碱性焊条小10%左右。（ ）

11. 其他条件相同时，碳钢焊条的焊接电流要比优质钢焊条小10%左右。（ ）

12. 其他条件相同时，优质钢焊条的焊接电流要比碳钢焊条小10%左右。（ ）

13. 屋面防水分为四个等级，Ⅰ级屋面防水用于特别重要的民用建筑和对防水有特殊要求的工业建筑。（ ）

14. 屋面防水分为四个等级，Ⅳ级屋面防水用于特别重要的民用建筑和对防水有特殊要求的工业建筑。（ ）

四、计算题或案例分析题

钢结构建筑是目前国家推广的结构形式。请根据实际回答下列问题。

1. 钢结构是用轧制型钢、钢板、热轧型钢或冷加工成型的薄壁型钢制造的（ ）。（单选题）

A. 承重构件或承重结构　B. 钢筋　C. 连接件　D. 门窗

2. 广泛运用于工业与民用建筑钢结构连接的焊接方法是（ ）。（单选题）

A. 手工电弧焊　B. 摩擦焊　C. 气体保护焊　D. 闪光对焊

3. 按照连接方法的不同，钢结构有（ ）等形式。（多选题）

A. 焊接连接

B. 紧固件连接

C. 铆接

D. 捆绑连接

E. 压实连接

4. 砂纸打磨是螺栓连接摩擦面的主要处理方法。（ ）（判断题）

5. 高强度螺栓连接的终拧应采用专用电动扳手。（ ）（判断题）

第5章　工程项目管理的基本知识

一、单项选择题

1. 施工项目即（ ），是指建筑施工企业对一个建筑产品的施工过程及成果。

A. 生产对象　B. 生产主体　C. 生产单位　D. 建设单位

2. 项目管理从直观上讲就是“对（　　）进行的管理”。

A. 项目　　B. 人员　　C. 材料　　D. 设备

3. 项目管理不同于其他管理，其最大的特点就是（　　）。

A. 注重综合性的管理　　B. 注重目标的管理

C. 注重人员的管理　　D. 注重材料的管理

4. 项目管理是一项（　　）工作。

A. 系统的、复杂的　　B. 单一的、复杂的

C. 系统的、简单的　　D. 单一的、简单的

5. 项目管理的方式是（　　）管理。

A. 目标　　B. 人员　　C. 材料　　D. 设备

6. 项目管理的目的性是通过（　　）实现的。

A. 开展项目管理活动　　B. 开展单位工会活动

C. 开展企业党员活动　　D. 开展企业团员活动

7. 项目管理组织的特殊性主要体现在（　　）。

A. 长期性　　B. 临时性　　C. 系统性　　D. 琐碎性

8. 项目的管理中根据具体各要素或专业之间的配置关系做好集成性的管理模式，体现了项目管理的（　　）特点。

A. 集成性　　B. 独立性　　C. 成长性　　D. 临时性

9. 项目管理的创新性主要是指（　　）。

A. 项目管理对象的创新性

B. 项目的管理的创新性

C. 项目管理对象的创新性及项目的管理的创新性

D. 项目人员的创新性

10. 有利于组织各部分的协调与控制，能充分保证项目总体目标实现的组织结构是（　　）。

A. 矩阵结构　　B. 职能组织结构　　C. 线性组织结构　　D. 树干结构

11. 施工项目管理是由（　　）对施工项目进行的管理。

A. 建筑施工企业　　B. 建设企业　　C. 设计企业　　D. 监理企业

12. 施工项目管理的对象是（　　）。

A. 施工项目　　B. 工程项目　　C. 施工材料　　D. 施工机械

13. 施工项目管理的方式实施的是（　　）。

A. 动态管理　　B. 随机管理　　C. 静态管理　　D. 随便管理

14. 施工项目管理要求强化（　　）。

A. 组织协调工作　　B. 技术关系　　C. 行政关系　　D. 人际关系

15. 施工项目管理的内容是（　　）。

A. 可变的　　B. 不变的　　C. 部分变化的　　D. 监理企业

16. 施工项目管理组织机构与企业管理组织机构的关系是（　　）。

A. 局部与整体的关系　B. 整体与局部的关系

C. 个体与集体的关系　D. 集体与个体的关系

17. 施工项目组织机构设置的根本目的是（　　）。

A. 产生组织功能，实现施工项目管理

B. 产生组织功能

C. 实现施工项目管理

D. 精干高效

18. 组织机构设计时，必须使管理跨度适当。然而跨度大小又与分层多少有关。一般（　　）。

A. 层次多，跨度会小

B. 层次少，跨度会小

C. 层次多，跨度会大

D. 跨度越大越好

19. 施工项目组织的形式与企业的组织形式是（　　）。

A. 不可分割的

B. 无任何关联的

C. 是完全相同的

D. 是完全独立的

20. 工作队式项目组织适用于（　　）。

A. 大型项目、工期要求紧迫的项目、要求多工种多部门密切配合的项目

B. 小型项目

C. 工期要求不紧迫的项目

D. 不需多工种多部门密切配合的项目

21. 部门控制式项目组织一般适用于（　　）。

A. 小型的、专业性较强、不需涉及众多部门的施工项目

B. 大型的施工项目

C. 专业性不强的施工项目

D. 需涉及众多部门的施工项目

22. 矩阵制项目组织适用于（　　）。

A. 大型、复杂的施工项目

B. 小型的施工项目

C. 简单的施工项目

D. 不同时承担多个需要进行项目管理工程的企业

23. 事业部制项目组织适用于（　　）。

A. 大型经营性企业的工程承包，特别是适用于远离公司本部的工程承包

B. 小型经营性企业的工程承包

C. 靠近公司本部的工程承包

D. 一个地区只有一个项目，无后续工程的承包

24. 项目经理是（　　）人。

A. 为项目的成功策划和执行负总责的

B. 项目策划的

C. 项目执行

D. 项目策划和执行负一定责任的

25. 项目经理首要职责是（　　）。

A. 在预算范围内按时优质地领导项目小组完成全部项目工作内容，并使客户满意

B. 按时优质地领导项目小组完成全部项目工作内容，无需考虑预算问题

C. 按时领导项目小组完成全部项目工作内容，不必考虑客户是否满意

D. 在预算范围内领导项目小组完成全部项目工作内容，无需特别注意完成时间

26. 下列不属于施工项目质量控制的措施是（　　）。

A. 提高人员素质　　B. 建立完善的质量保证体系

C. 加强原材料控制　　D. 建立完善的组织体系

27. 施工项目成本控制的措施不包括（　　）。

A. 组织措施　　B. 技术措施　　C. 经济措施　　D. 合同措施

28. 下列属于施工项目安全控制措施的是（　　）。

A. 合同措施　　B. 经济措施　　C. 信息措施　　D. 制度措施

29. 目标管理的系统控制过程应是（　　）的动态控制过程。

A. 计划——执行——检查——纠偏——新计划

B. 执行——检查——纠偏——计划

C. 检查——纠偏——新计划——执行

D. 纠偏——计划——执行——检查

30. 工程项目目标、职能部门目标和员工目标的关系过程（分解目标过程）正确的是（　　）。

A. 工程项目日标——→职能部门目标——→员工日标

B. 员工目标——→职能部门目标——→工程项目目标

C. 职能部门目标——→员工目标——→工程项目目标

D. 职能部门目标——→工程项目目标——→员工目标

31. 施工资源管理的内容不包括（　　）管理。

A. 人力资源　　B. 材料　　C. 机械设备　　D. 组织

32. 施工现场管理内容不包括（　　）。

A. 质量　　B. 进度　　C. 安全　　D. 技术

二、多项选择题

1. 施工项目管理是指企业运用系统的（　　）对施工项目进行的计划、组织、监督、控制、协调等企业过程管理。

A. 观点　　B. 理论　　C. 科学技术

D. 生产经验　　E. 传统技能

2. 项目管理的要素有（　　）。

A. 环境　　B. 资源　　C. 目标

D. 组织　　E. 人员

3. 项目管理的主要内容包括“三控制、三管理、一协调”，三控制是指（　　）控制。

A. 目标　　B. 成本　　C. 进度

D. 质量　　E. 信息

4. 项目管理的主要内容包括“三控制、三管理、一协调”，三管理、一协调是指（　　）。

A. 职业健康安全与环境管理　B. 合同管理　C. 信息管理
D. 组织协调　E. 综合管理

5. 项目管理的特点具体表现在（　　）及项目管理的创新性。

A. 系统性、复杂性　B. 普遍性　C. 目的性
D. 管理组织的特殊性　E. 项目管理的集团性

6. 施工项目目标控制的具体任务包括（　　）等。

A. 进度控制　B. 质量控制　C. 成本控制
D. 人员控制　E. 安全控制

7. 施工项目管理主要特点是（　　）。

A. 管理者是建设企业
B. 管理的对象是施工项目
C. 管理的内容是可变的
D. 管理的方式实施的是动态管理
E. 施工项目管理要求强化组织协调工作

8. 施工项目管理的组织职能包括（　　）。

A. 组织设计　B. 组织关系　C. 组织运行
D. 组织行为　E. 组织调整

9. “组织”的含义是指（　　）。

A. 组织机构　B. 组织行为　C. 组织活动
D. 组织人员　E. 组织工作

10. 施工项目管理组织，是指为进行施工项目管理、实现组织职能而进行（　　）。

A. 组织系统的设计　B. 组织系统的建立　C. 组织运行
D. 组织调整　E. 组织活动

11. 施工项目管理组织的目的是（　　）。

A. 进行施工项目管理　B. 实现组织职能　C. 设计与建立组织系统
D. 进行组织运行　E. 进行组织调整

12. 组织运行要抓好的关键性问题是（　　）。

A. 人员配置　B. 业务交圈　C. 信息反馈
D. 计算机应用　E. 办公场所的选定

13. 施工项目管理组织机构的作用是（　　）。

A. 提供组织保证　B. 集中统一指挥　C. 形成责任制体系
D. 形成信息沟通体系　E. 方便机械管理

14. 施工项目管理组织机构的设置原则有（　　）及项目组织与企业组织一体化原则。

A. 目的性原则　B. 精干低效原则
C. 管理跨度和分层统一原则　D. 业务系统化管理原则
E. 弹性和流动性原则

15. 施工项目进度控制的措施包括（　　）等。

A. 组织措施　　B. 技术措施　　C. 合同措施
D. 经济措施　　E. 纪律措施

三、判断题（正确的在括号内填“A”，不正确的在括号内填“B”）

1. 施工项目管理是由建设单位对施工项目进行的管理。（　）
2. 施工项目管理的内容随施工阶段变化而变化。（　）
3. 施工项目管理是由建筑施工企业对施工项目进行的管理。（　）
4. 项目经理必须具有号召力。（　）
5. 工程项目管理的基本原理主要是：目标的系统管理和过程控制。（　）
6. 合同是项目管理的依据。（　）
7. 保证项目施工中没有危险、不出事故、不造成人身伤亡和财产损失，是项目管理的安全目标。（　）
8. 现场管理目标就是：科学安排、合理调配使用施工用地，并使之与各种环境保持协调关系。项目施工结束后，督促有关单位及时拆除临时设施并退场，以便重新规划使用或永久绿化。（　）
9. 文明施工目标就是督促监理工程师和承包商按照有关法规要求，使施工现场和临时用地范围内秩序井然，文明安全，环境得到保护，绿地树木不被破坏，交通畅达，文物得以保存，防火设施完备，居民不受干扰，场容和环境卫生均符合要求。（　）
10. 项目部对投资控制的内容主要是审核批准拨付合同范围内的进度款、处理变更和索赔。（　）
11. 工地管理中信息传达及信息决策所耗费的时间，将是巨大的成本代价，使用手持式视频通信可以更加充分的与远程决策人员进行充分沟通，从而尽快解决问题，为后期的工程进度留出足够空间，避免工程延误。（　）
12. 针对项目重要危险源，制定相应的安全技术措施，对达到一定规模的危险性较大的分部工程和特殊工种的作业应制定专项安全技术措施的编制计划。（　）
13. 工程项目的实现过程不是一个单一的过程，而是许多分过程和子过程的集合体。（　）
14. 动态控制广泛应用于工程项目的进度控制、费用控制、质量控制等过程中。（　）
15. 工程项目的三大目标：时间、费用、质量，三者有着内在的联系，相互影响、相互制约，处在一个统一的系统内。（　）
16. 合理分配人、料、机械，使效率最高且经济合理是施工资源管理的根本目标。（　）
17. 施工资源管理的方法任务主要体现在：对资源的优化配置；对资源进行优化组合；对资源进行动态管理；在施工项目运行中合理地、高效地利用资源。（　）
18. 施工质量控制的内容包括：定点定位工作，各施工工序抽检、各分部分项工作质量控制及评定、材料控制等。（　）
19. 施工现场成本控制的内容包括：对现场签证及设计变更严格按多级、多层次签字

程序有序控制成本。（ ）

20. 治理施工现场环境，改变“脏、乱、差”的状况，注意保护施工环境，做到施工不扰民。（ ）

四、案例题

小万是某建筑工程公司新进的一名员工，施工项目管理方面的基本知识比较缺乏，请帮助小万回答下列问题：

1. 施工项目的管理者是（ ）。(单选题)

A. 建设单位　　B. 建筑施工企业　　C. 监理单位

D. 建管处

2. 施工项目管理的对象是（ ）。(单选题)

A. 建设单位　　B. 建筑施工企业　　C. 监理单位

D. 施工项目

3. 施工项目管理的内容包括建立施工项目管理组织、（ ）等。(多选题)

A. 编制施工项目管理规划

B. 施工项目的目标控制

C. 施工项目的生产要素管理

D. 施工项目的合同管理和信息管理

E. 施工现场管理和组织控制

4. 决定是施工项目管理的组织职能。（ ）(判断题)

5. 施工项目目标控制的具体任务是：进度控制、质量控制、成本控制和安全控制。（ ）(判断题)

第6章　工程力学的基本知识

一、单项选择题

1. 力使物体运动状态发生改变的效应称为力的（ ）。

A. 运动效应　　B. 内效应　　C. 变形效应　　D. 拉升效应

2. 关于力作用在物体上所产生的效果，下列叙述正确的是（ ）。

A. 不但与力的大小和方向有关，还与作用点有关

B. 只与力的大小和方向有关，与作用点无关

C. 只与作用点有关，而与力的大小和方向无关

D. 只与作用点和方向有关，与力的大小无关

3. 一构件在二力作用下处于平衡时，此二力一定大小相等、方向相反并作用在（ ）。

A. 同一直线上

B. 水平方向上

C. 竖直方向上

D. 相向的方向上

4. 在国际单位制中，力的主单位为（　　）。

A. N　　B. kN　　C. kgf　　D. day

5. 力偶对其作用平面内任一点的（　　），恒等于其力偶矩。

A. 力矩　　B. 距离　　C. 力臂　　D. 力偶臂

6. 有关力矩的大小，正确的说法是（　　）。

A. 作用在构件上的力越大，其力矩越大

B. 作用在构件上的力越小，其力矩越大

C. 作用在构件上的力的力臂越大，其力矩越大

D. 作用在构件上作用力的大小与其力臂的乘积越大，则其力矩越大

7. 力偶对刚体的效应表现为使刚体的（　　）状态发生改变。

A. 转动　　B. 平动　　C. 滚动　　D. 滑动

8. 关于力臂正确的说法是（　　）。

A. 力臂是矩心到力的作用线的垂直距离

B. 力臂是矩心到力的作用点的连线的长度

C. 力臂是任意两点之间的距离

D. 力臂是任一点到力的作用线的垂直距离

9. 平面一般力系平衡的必要与充分条件为（　　）。

A. 主矢为零，主矩为零　　B. 主矢为零，主矩不为零

C. 主矢不为零，主矩不为零　　D. 主矢不为零，主矩为零

10. 由力的平移定理可知：作用于刚体上的力，可平移到刚体上的任意一点，但必须附加一力偶，附加力偶矩等于（　　）。

A. 原力对平移点的力矩

B. 原力对原点的力矩

C. 原力对任意点的力矩

D. 原力对 O 点的力矩

11. 作用于刚体上的力可沿其作用线在刚体内移动，而不改变其对刚体的作用效应称为力的（　　）。

A. 可动性　　B. 任意性　　C. 可移性　　D. 可传性

12. 平面力偶系合成的结果是（　　）。

A. 一个合力　　B. 一个合力系　　C. 一个合力矩　　D. 一个合力偶

13. 根据力的平移定理，可以将力分解为（　　）。

A. 一个力　　B. 一个力偶

C. 一个力矩　　D. 一个力和一个力偶

14. 静定结构的几何特征是（　　）。

A. 无多余约束几何不变　　B. 有多余约束几何不变

C. 无多余约束几何可变　　D. 有多余约束几何可变

15. 单跨静定梁只有（　　）个待求支座反力。

A. 1　　B. 2　　C. 3　　D. 4

16. 静定结构任一截面内力计算的基本方法是（　　）。

A. 截面法　　B. 等效法　　C. 绘图法　　D. 函数法

17. 使梁发生相对错动而产生剪切的效果是（　　）。

A. 剪力　　B. 弯矩　　C. 拉力　　D. 压力

18. 使梁发生弯曲变形的是（　　）。

A. 剪力　　B. 弯矩　　C. 拉力　　D. 压力

19. 单跨静定梁的内力计算，首先需求出静定梁（　　）。

A. 剪力　　B. 弯矩　　C. 拉力　　D. 支座反力

20. 梁的内力随（　　）而增大。

A. 外力增大　　B. 外力减小　　C. 截面变大　　D. 截面变小

21. 多跨度梁相对等跨度的简支梁可使最大弯矩值（　　）。

A. 增大　　B. 不变　　C. 减少　　D. 为零

22. 同样荷载作用下，多跨度梁比连续排放的简支梁可有（　　）。

A. 更大的跨度　　B. 更小的跨度　　C. 等大的跨度　　D. 更小的长度

23. 平面汇交力系平衡的充分必要条件是力系的合力等于零即（　　）。

A. $\sum F=0$　　B. $\sum X=0$　　C. $\sum Y=0$　　D. $\sum M=0$

24. 在国际单位制中，力矩的单位为（　　）。

A. kN　　B. kg　　C. km　　D. N·m

25. 在平面问题中力对点的矩是一个代数量，它的绝对值等于（　　），力矩的正负号通常规定为：力使物体绕矩心逆时针方向转动时为正，顺时针方向转动时为负。

A. 力的大小与力臂的乘积　　B. 力的大小与力的作用线的乘积

C. 力的大小与力的作用线长度的乘积　　D. 与力的大小有关与力臂无关

26. 平面力偶系合成的结果为（　　）。

A. 一个合力偶　　B. 一个合力

C. 一个力　　D. 合力偶矩等于零

27. 作用于刚体上的力可沿其作用线在刚体内移动，而不改变其对刚体的作用效应称为（　　）。

A. 力的可传性　　B. 力的平移　　C. 力的合成　　D. 力的分解

28. 作用于刚体上的力，可平移到刚体上的任意一点，但必须附加一力偶，附加力偶矩等于（　　）。

A. 原力对平移点的力矩　　B. 原力对原点的力矩

C. 原力对任意点的力矩　　D. 原力对 O 点的力矩

二、多项选择题

1. 力是物体间的相互作用。力的作用效果有（　　）。

A. 使物体的机械运动状态发生变化

B. 使物体产生变形

C. 使物体的机械运动不变

D. 只可能产生外效应

E. 只可能产生内效应

2. 质量为 5×10^3kg 的物体，其重力为（　　）。

A. 大小为 49×10^3 N　　B. 方向竖直向下　　C. 方向向下

D. 大小为 49×10^3 KN　　E. 方向向着物体

3. 力作用在物体上所产生的效果，与力的（　　）有关。

A. 大小　　B. 方向　　C. 作用点

D. 与力的符号　　E. 力的性质

4. 约束反力以外的其他力统称为主动力，（　　）为主动力。

A. 电磁力　　B. 切削力　　C. 流体的压力

D. 万有引力　　E. 柱子对梁的支持力

5. 作用力与反作用力总是（　　）。

A. 大小相等　　B. 方向相反　　C. 作用在同一直线上

D. 作用在同一物体上　　E. 分别作用在两个不同物体上

6. 当物体间的接触面为光滑面时，物体间的约束为光滑面约束，此时的约束反力只能是（　　）。

A. 压力　　B. 拉力　　C. 且方向垂直于接触面

D. 且方向平行于接触面　　E. 指向被约束体

7. 下列（　　）对物体的约束属于柔体约束。

A. 绳索　　B. 链条　　C. 皮带

D. 杆件　　E. 斜面

8. 平面一般力系向平面内简化中心简化后得到一个主矢和一个主矩，其（　　）。

A. 主矢的大小与简化中心的选择无关

B. 主矩的大小与简化中心的选择无关

C. 主矢的方向与简化中心的选择无关

D. 主矢的大小与简化中心的选择有关

E. 主矩的大小与简化中心的选择有关

9. 在直角坐标系中，平面汇交力系平衡的必要和充分条件是：力系中各分力（　　）。

A. 在 X 坐标轴上投影的代数和等于零

B. 在 Y 坐标轴上投影的代数和等于零

C. 在 X 坐标轴上投影的代数和不为零

D. 在 Y 坐标轴上投影的代数和不为零

E. 对原点的力矩的代数和不为零

10. 常用的单跨静定梁有（　　）。

A. 悬臂梁　　B. 简支梁　　C. 外伸梁

D. 动臂梁　　E. 多支梁

11. 梁的内力包括梁截面上（　　）。

A. 剪力　　B. 弯矩　　C. 支座反力

D. 拉力　　E. 压力

12. 静定多跨度梁与一系列简支梁相比，不同之处表现在（　　）。

A. 内力分布均匀
B. 材料用量较少
C. 材料用量较多
D. 中间铰构造较简单
E. 中间铰构造较复杂
13. 杆件变形的基本形式有（　　）。
A. 拉伸和压缩变形　　B. 剪切变形　　C. 扭转变形
D. 弯曲变形　　E. 转动变形
14. 下列叙述正确的有（　　）。
A. 杆件的强度是指杆件具有的抵抗破坏的能力
B. 杆件的刚度是指杆件具有抵抗变形的能力
C. 杆件的稳定性是指杆件具有保持原有平衡状态的能力
D. 应力就是受力物体截面上内力的集度
E. 应变是单位面积上的内力

三、判断题（正确的在括号内填“A”；不正确的在括号内填“B”）

1. 当刚体受到同平面内不平行的三力作用而平衡时，三力的作用线不汇交于一点。（　　）
2. 约束反力的方向必与该约束所能阻碍的运动方向相同。（　　）
3. 力对物体的转动效应，用力矩来度量。（　　）
4. 平面汇交力系平衡的充分必要（解析）条件是：力系中各力在X、Y坐标轴上的投影的代数和都等于零。（　　）
5. 力对点的矩实际上是力对通过矩心且平行于平面的轴的矩。（　　）
6. 力偶对物体产生的转动效应，可用力偶矩来度量。（　　）
7. 力偶可以在其作用面内任意移转而不改变它对物体的作用。（　　）
8. 梁属于受拉构件。（　　）
9. 梁在相邻两个支座之间的部分称为跨。（　　）
10. 平面汇交力系平衡的充分必要条件是力系的合力等于零。（　　）
11. 平面平行力系的平衡条件是$\sum F_X=0$，$\sum M=0$。（　　）
12. 平面汇交力系合成的结果是一个合力。（　　）
13. 根据力的平移定理，可以将一个力和一个力偶合成为一个力。（　　）
14. 杆件受垂直于轴的横向力作用而产生的变形，杆件由直线变为曲线，称为弯曲变形。（　　）
15. 桁架的杆件只在两端受力，且为二力杆。（　　）

四、计算题或案例分析题

塔式起重机的结构简图如下图所示。设机架重力$G=500$kN，重心在C点，与右轨相距$a=1.5$m。最大起吊重量$P=250$kN，与右轨B最远距离$l=10$m。平衡物重力为G_1，与左轨 A 相距 $x=6\text{m}$，二轨相距 $b=3\text{m}$。请根据背景资料解答下列各题。

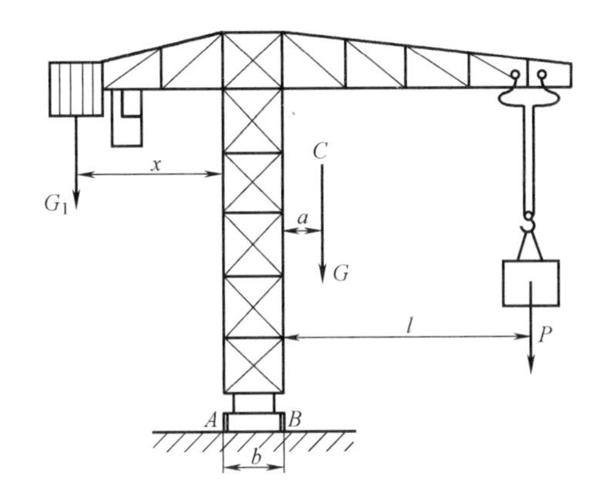

1. 要保障满载时机身平衡而不向右翻倒，G_1 的最小值是（　　）。（单选题）

A. 361kN　　B. 361N　　C. 375kN　　D. 375N

2. 要保障空载时机身平衡而不向左翻倒，G_1 的最大值是（　　）。（单选题）

A. 361kN　　B. 361N　　C. 375kN　　D. 375N

3. 起重机受到的力有（　　）。（多选题）

A. 平衡重物的压力　　B. 机架的重力　　C. 起重物的重力

D. 基座的支承力　　E. 起吊重物的钢绳的拉力

4. 满载时机身平衡而不向右翻倒，A 点反力 F_{NA} 大小为。（　　）（判断题）

A. 0　　B. 361N　　C. 375kN　　D. 375N

5. 空载时机身平衡而不向左翻倒，B 点反力 F_{NB} 大小为。（　　）（判断题）

A. 361kN　　B. 361N　　C. 0　　D. 375N

第 7 章　工程预算的基本知识

一、单项选择题

1. 工程量清单计价是指投标人完成由招标人提供的工程量清单所需的全部费用，不包括（　　）。

A. 分部分项工程费　　B. 措施项目费和其他项目费管理费

C. 利润　　D. 规费、税金

2. 工程量清单计价采用综合单价。综合单价包含：（　　）。

A. 人工费、材料费、机械费

B. 人工费、材料费、机械费、管理费

C. 人工费、材料费、机械费、管理费、利润

D. 人工费、材料费、机械费、管理费、利润、规费和税金

3.《建设工程工程量清单计价规范》中规定，房屋建筑与装饰工程类别码为（　　）。

A. 01　　B. 02　　C. 03　　D. 04

4.《建设工程工程量清单计价规范》中规定，通用安装工程的类别码为（　　）。

A. 01　　B. 02　　C. 03　　D. 04

5. 对安装工程的工程量清单项目编码中，机械设备安装工程的编码为（　　）。

A. 0301　　B. 0302　　C. 0303　　D. 0304

6. 对安装工程的工程量清单项目编码中，电气设备安装工程的编码为（　　）。

A. 0301　　B. 0302　　C. 0303　　D. 0304

7. 下列不归属措施项目清单之中的费用是（　　）。

A. 脚手架搭拆费　　B. 材料购置费　　C. 冬雨季施工费　　D. 临时设施费

8. 下列不归属措施项目清单之中的费用是（　　）。

A. 预留金　　B. 脚手架搭拆费　　C. 环境保护费　　D. 夜间施工费

9. 下列不归属措施项目清单之中的费用是（　　）。

A. 已完工程及设备保护费　　B. 冬雨季施工增加费

C. 二次搬运费　　D. 工程排污费

二、多项选择题

1. 建设工程预算是指建设工程（　　）的各种经济文书，是建设工程的投资估算、设计概算和施工图预算等的总称。

A. 在不同的实施阶段　　B. 预先计算　　C. 施工预算

D. 确定建设工程建设费用　　E. 资源耗量

2. 建设工程预算是建设工程的（　　）等的总称。

A. 施工预算　　B. 投资估算　　C. 设计概算

D. 施工图预算　　E. 工程结算

3. 在建设工程中，通常把以价值形态贯穿于整个工程建设过程中的（　　）简称为“三算”。

A. 投资估算　　B. 设计概算　　C. 施工图预算

D. 竣工决算　　E. 工程结算

4. 按工程特性及规模划分，设计概算有（　　）等。

A. 建设项目总概算　　B. 单项工程综合概算　　C. 单位工程概算

D. 建筑工程概算　　E. 其他工程及费用概算

5. 建筑安装工程费用项目按费用构成要素组成划分为（　　）、利润、规费、税金。

A. 人工费　　B. 材料费　　C. 施工机具使用费

D. 企业管理费　　E. 措施项目费

6. 建筑安装工程费用按工程造价形成顺序划分为（　　）。

A. 分部分项工程费　　B. 措施项目费　　C. 其他项目费

D. 企业管理费　　E. 规费和税金

7. 安装工程费中，规费内容有（　　）和危险作业意外伤害保险等。

A. 工程排污费　　B. 工程定额测定费

C. 社会保障费　　D. 住房公积金

E. 城市维护建设费

8. 税金指国家税法规定的应计入建筑安装工程造价内的（　　）等。

A. 营业税　　B. 城市维护建设税　　C. 社会保障费

D. 教育费附加　　E. 住房公积金

9. 建筑安装工程的税金等于（　　）之和乘以综合税率（%）。

A. 分部分项工程量清单费用　　B. 措施项目清单计价　　C. 其他项目费用

D. 利润　　E. 规费

10. 定额是按照一定时期内正常施工条件，完成一个规定计量单位的合格产品，所需消耗的（　　）的社会平均消耗量。

A. 人工　　B. 工时　　C. 材料

D. 机械台班　　E. 措施费

11. 定额是确定工程造价和物资消耗数量的主要依据，应具有（　　）性质。

A. 定额的稳定性与时效性　　B. 定额的先进性与合理性

C. 定额的连续性与阶段性　　D. 定额的法令性与灵活性

E. 定额的科学性与群众性

12. 实行工程量清单计价有如下的作用：（　　）。

A. 为投标者提供一个公开、公平、公正的竞争环境。

B. 它是计价和询标、评标的基础。

C. 工程量清单为施工过程中支付工程进度款提供依据。

D. 具有政府“半管制”的价格内涵

E. 为办理工程结算、竣工结算及工程索赔提供了重要依据。

13. 工程量清单由（　　）构成。

A. 分部分项工程量清单　　B. 措施项目清单　　C. 其他项目清单

D. 工程定额　　E. 工程量

14. 综合单价是指完成工程量清单中完成一个规定计量单位项目所需的（　　），并考虑风险因素。

A. 人工费、材料费、机械使用费　　B. 管理费　　C. 规费

D. 利润　　E. 税金

15. 工料单价法的分部分项工程量的单价中，不含（　　），它们按照有关规定需另行计算。

A. 人工费　　B. 材料费　　C. 机械（或施工机具）费

D. 措施费、间接费　　E. 利润、税金

16.《建设工程工程量清单计价规范》中实行了（　　）统一。

A. 分部分项工程项目名称　　B. 计量单位　　C. 工程量计算规则

D. 项目编码　　E. 统一计划利润率

17.《建设工程工程量清单计价规范》附录的表现形式是以表格形式现的，其内容除项目编码、项目名称外，还应有（　　）。

A. 项目特征　　B. 工程内容　　C. 工程量

D. 计量单位　　E. 工程量计算规则

18.《建设工程工程量清单计价规范》具有（　　）的特点。

A. 强制性　　B. 竞争性　　C. 实用性

D. 灵活性　　E. 通用性

19. 工程量清单是表现拟建工程的（　　）的明细清单。

A. 分部分项工程项目　　B. 工程定额　　C. 措施项目

D. 工程量　　E. 其他项目名称和相应数量

20. 分部分项工程量清单项目表的编制内容主要有（　　）等。

A. 项目编号的确定　　B. 项目名称的确定　　C. 工程内容的描述

D. 计量单位的选定　　E. 工程量的计算

三、判断题（正确的在括号内填“A”；不正确的在括号内填“B”）

1. 施工图预算是在施工预算的控制下，施工单位在施工前编制的预算。（　　）

2. 竣工决算是单项工程或建设项目所有施工内容完成，交付建设单位使用后，进行工程建设费用的最后核算。（　　）

3. 竣工决算是指一个单项工程、单位工程或分部、分项工程完工，并经建设单位及质检部门检验合格后，施工企业根据工程合同的规定及施工进度，在施工图预算基础上，按照实际完成的工程量所编制的结算文件。（　　）

4. 工程结算是单项工程或建设项目所有施工内容完成，交付建设单位使用后，进行工程建设费用的最后核算。（　　）

5. 定额计价法也称为施工图预算法。（　　）

6. 综合单价法的分部分项工程量的单价为全费用单价，它包括规费、税金。（　　）

7.《建设工程工程量清单计价规范》不规定人工、材料、机械消耗量。（　　）

8. 工程量清单计价采用工料单价法。（　　）

9. 清单项目的计量原则是以实体安装就位的净尺寸计算，不包括人为规定的预留量。（　　）

10. 对清单项目的工程内容描述很重要，它是报价人计算综合单价的主要依据。（　　）

11. 综合单价适用于分部分项工程量清单，不适用于措施项目清单、其他项目清单等。（　　）

12. 其他项目清单中的预留金、材料购置费和零星工作项目费，均为估算、预测数量。（　　）

四、计算题或案例分析题

某包工包料的住宅楼电气设备安装工程，主要进行住宅楼的照明和防雷接地的安装。施工中需要进行脚手架的搭拆与一定的夜间加班赶工，试问：

1. 在工程量清单项目编码中，电气设备安装工程前四位的编码是（　　）。(单选题)

A. 0101　　B. 0104

C. 0301　　D. 0304

2. 在工程量清单计价中，脚手架搭拆费归属于（　　）范畴。（单选题）

A. 分部分项工程量清单费用　　B. 措施项目清单计价

C. 其他项目费用　　D. 规费

3. 综合单价的构成是完成一个规定计量单位所需的（　　），并考虑风险因素。（多选题）

A. 人工费、材料费、机械费　　B. 管理费　　C. 规费

D. 税金　　E. 利润

4. 在工程量清单计价中，夜间施工与赶工费归属于措施项目清单计价范畴。（　　）（判断题）

5. 在工程清单计价中，夜间施工与赶工费归属于规费范畴。（　　）（判断题）

第 8 章　机械识图和制图的基本知识

一、单项选择题

1. 对于 A0、A1、A2、A3 和 A4 幅面的图纸，正确的说法是（　　）。

A. A1 幅面是 A0 幅面的对开　　B. A0 幅面是 A1 幅面的对开

C. A2 幅面是 A0 幅面的对开　　D. A0 幅面是 A2 幅面的对开

2. 图纸的标题栏位于图框的（　　）。

A. 左上角　　B. 右上角　　C. 左下角　　D. 右下角

3. 按照机械制图国家标准的规定，物体上看不见的轮廓用（　　）绘制。

A. 粗线　　B. 虚线　　C. 细线　　D. 点划线

4. 按照机械制图国家标准的规定，轴线用（　　）绘制。

A. 粗线　　B. 虚线　　C. 细线　　D. 点划线

5. 按照机械制图国家标准的规定，尺寸线用（　　）绘制。

A. 粗线　　B. 虚线　　C. 细线　　D. 实线

6. 物体上看不见的轮廓在视图中用虚线绘制，其宽度为（　　）。

A. b/2　　B. b/3　　C. b/4　　D. b/5

7. 尺寸标注可分为定形尺寸、定位尺寸和总体尺寸三类。下图中属于定位尺寸的是（　　）。

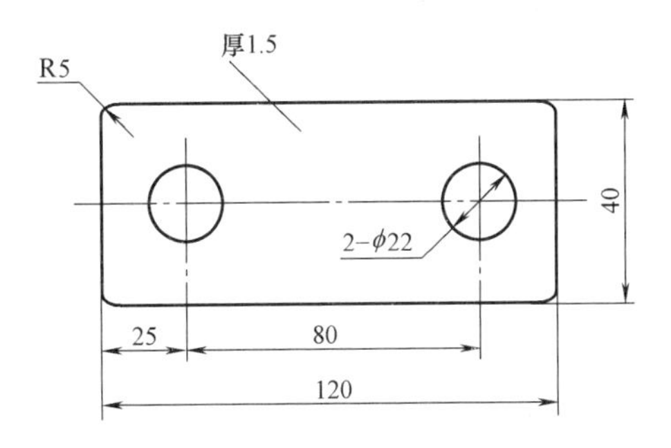

A. 120　　B. 40　　C. R5　　D. 25

8. 尺寸标注可分为定形尺寸、定位尺寸和总体尺寸三类。下图中属于定位尺寸的是（　　）。

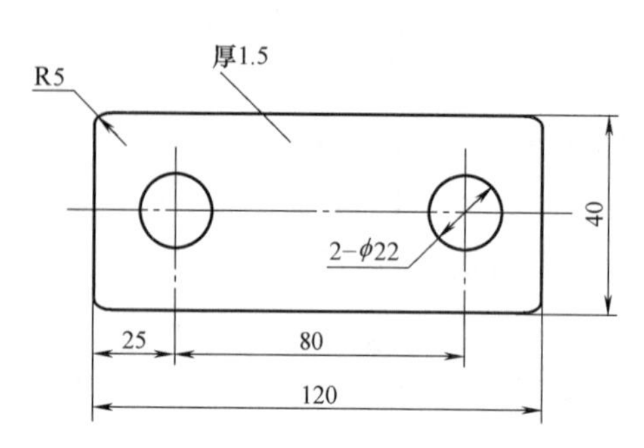

A. 厚1.5　　B. 40　　C. 80　　D. R5

9. 视图中圆的直径标注，应当采用（　　）。

A. 数字前加D　　B. 数字前加R　　C. 数字前加φ　　D. 直接写数字

10. 视图中圆的半径尺寸，应当采用（　　）。

A. 数字前加D　　B. 数字前加R　　C. 数字前加φ　　D. 直接写数字

11. 尺寸数字表示零件的（　　）。

A. 图形的比例大小　　B. 零件的真实大小　　C. 图形比例　　D. 图形真实大小

12. 尺寸基准选择时，（　　）使设计基准和工艺基准重合，这样可以减少尺寸误差，易于加工。

A. 必须　　B. 要　　C. 应尽量　　D. 不必

13. 下例尺寸基准选择的说法，不正确的是（　　）。

A. 对相互结合的零件，应以其结合面为标注尺寸的基准

B. 对有装配孔轴线的零件，应以零件装配孔的轴线为尺寸基准

C. 要求对称的要素，应以对称中心面（线）为尺寸基准，标注对称尺寸

D. 轴承座的底平面是加工底面，应以加工底面作为尺寸基准

14. 平面和直线的视图中：零件上与投影面垂直的平面或直线，其在该投影面上的视图为（　　）。

A. 平面或为一直线　　B. 一直线或为一点

C. 平面或为一点　　D. 一直线或为形状与原来不一的平面

15. 平面和直线的视图中：零件上与投影面平行的平面或直线，其在该投影面上的视图为（　　）。

A. 实形或实长　　B. 积聚一直线或为一点

C. 积聚成平面或为一点　　D. 为形状与原来类似的平面或一缩短直线

16. 某平面垂直于一投影面，则该平面在另外两投影面上（　　）。

A. 反映实形　　B. 为缩小了的类似形

C. 积聚成直线　　D. 为放大了的类似形

17. 在零件的后面设置一平面，然后用一组（　　）于平面的平行光线，通过物体的

轮廓将其投射到平面上，从而在平面上获得物体的图形，这种方法叫做正投影法。

A. 平行　　B. 倾斜　　C. 垂直　　D. 相交

18. 带有箭头并与尺寸界线相垂直的线叫（　　）。

A. 轴线　　B. 轮廓线　　C. 中心线　　D. 尺寸线

19. 当尺寸线竖直标注时，尺寸数字的字头要朝（　　）。

A. 上　　B. 右　　C. 左　　D. 下

20. 当尺寸线水平标注时，尺寸数字写在尺寸线的（　　）。

A. 上　　B. 右　　C. 左　　D. 下

21. 分析已知视图（下图），选择正确的第三视图（　　）。

(A)　　(B)　　(C)　　(D)

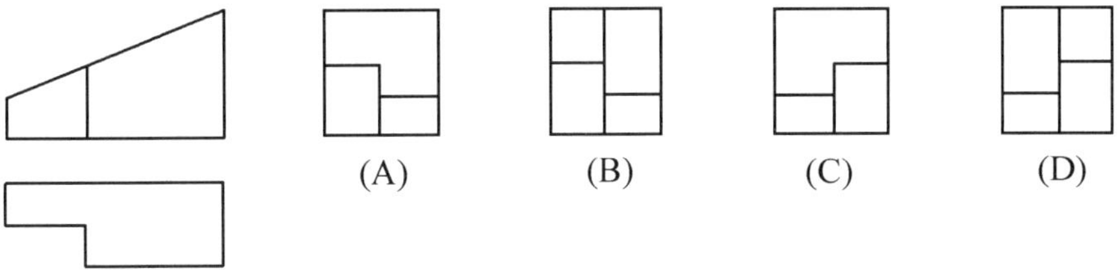

22. 分析已知视图（下图），选择正确的第三视图（　　）。

(A)　　(B)　　(C)　　(D)

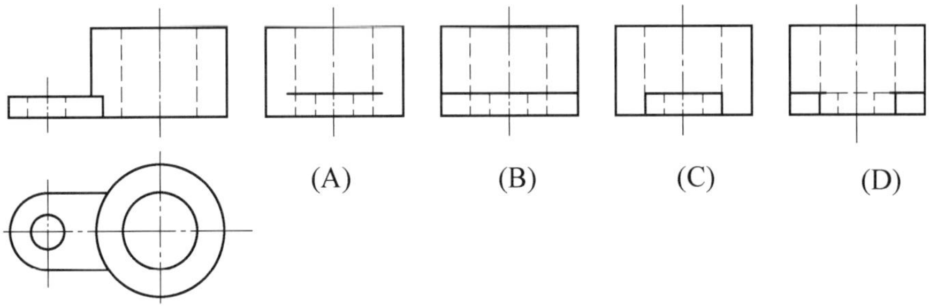

23. 分析已知视图（下图），选择正确的第三视图（　　）。

(A)　　(B)　　(C)　　(D)

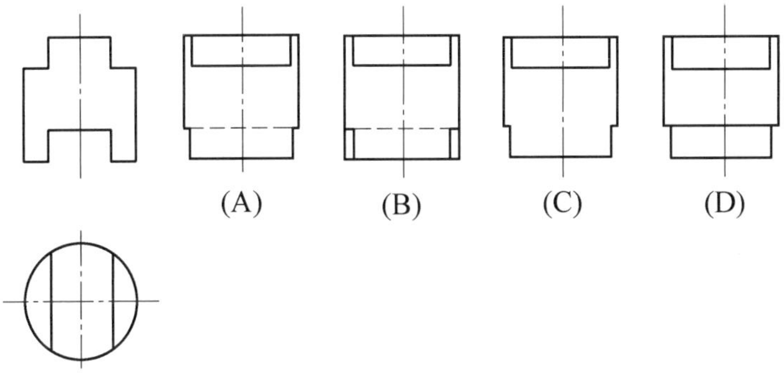

24. 公差与配合的（　　），有利于机器的设计、制造、使用和维修，并直接影响产品的精度、性能和使用寿命。

A. 通用化　　B. 标准化　　C. 系列化　　D. 互换性

25. 把尺寸误差控制在一定允许的范围，这个范围叫做（　　）。

A. 偏差　　B. 公差　　C. 误差　　D. 极限

26. 孔的实际尺寸大于轴的实际尺寸，他们形成的配合叫做（　　）。

A. 动配合　　B. 静配合　　C. 过渡配合　　D. 过盈配合

27. 孔的实际尺寸小于轴的实际尺寸，他们形成的配合叫做（　　）。

A. 动配合　　B. 静配合　　C. 过渡配合　　D. 间隙配合

28. 轴的极限尺寸为一定，通过改变孔的极限尺寸来获得不同的配合，称为（　　）。

A. 基孔制　　B. 基轴制　　C. 静配合　　D. 动配合

29. 公差越小则零件的精度（　　）。

A. 与公差无关　　B. 越低

C. 越高　　D. 有可能越高，也有可能越低

30. 国标规定形状和位置两类公差共有（　　）个项目。

A. 14　　B. 10　　C. 8　　D. 6

31. 国标规定形状和位置两类公差共有 14 个项目，其中，形状公差和位置公差分别有（　　）项。

A. 6 和 8　　B. 7 和 7　　C. 8 和 6　　D. 9 和 5

32. 下列不属于形状公差项目的是（　　）。

A. 直线度　　B. 同轴度　　C. 平面度　　D. 圆柱度

33. 下列不属于位置公差项目的是（　　）。

A. 圆柱度　　B. 平行度　　C. 同轴度　　D. 对称度

34. 牙型代号（　　）表示螺纹的牙型为三角形。

A. M　　B. Tr　　C. S　　D. T

35. 牙型代号（　　）表示螺纹的牙型为梯形。

A. M　　B. Tr　　C. S　　D. T

36. 视图中，（　　）线条不应用细实线画。

A. 尺寸线　　B. 剖面线　　C. 指引线　　D. 对称线

37. 下列说法中不正确的是：（　　）。

A. 尺寸数字可以写在尺寸线上方或中断处

B. 尺寸数字表示零件的真实大小

C. 角度数字应竖直注写

D. 尺寸数字的默认单位是毫米

38. 下列表示球体符号正确的有：（　　）。

A. 球直径用“SΩ”表示　　B. 球直径用“球 R”表示

C. 球半径用“Sϕ”表示　　D. 球直径用“Sϕ”表示

39. 下列不符合三面视图之间的视图规律的是（　　）。

A. 左、下视图“宽相等”　　B. 主、左视图“高平齐”

C. 左、俯视图“宽相等”　　D. 主、俯视图“长对正”

40. 回转体是（　　）围成的曲面体。

A. 全部由曲面　　B. 由曲面和平面共同

C. 由回转面　　D. 全部由平面

41. 平面体是（　　）包围而成的基本体。

A. 全部由平面　　B. 由曲面和平面共同

C. 由回转面　　D. 全部由曲面

42. 工程中有六基本视图：正立面图、平面图、左侧立面图、右侧立面图、底面图、背立面图。（　　）不是常用的三视图。

A. 正立面图　　B. 平面图　　C. 左侧立面图　　D. 底面图

43. 通常所说的机械产品“三化”不包括（　　）。

A. 标准化　　B. 通用化　　C. 自动化　　D. 系列化

44. 关于上、下偏差描述不正确的是：（　　）。

A. 可以同时为零　　B. 都可以小于零

C. 都可以大于零　　D. 可以一正一负

45. 关于上、下偏差描述不正确的是：（　　）。

A. 都可以小于零　　B. 都可以大于零

C. 可以一正一负　　D. 可以相等

46. 表面粗糙度增大对质量没有影响的是（　　）。

A. 使零件的抗腐蚀性下降　　B. 零件的加工费用下降

C. 使零件强度极限下降　　D. 使零件耐磨性下降

47. 下列属于常用的表面粗糙度基本评定参数的是（　　）。

A. 表面轮廓算术平均偏差　　B. 最大轮廓峰高度

C. 图形参数　　D. 最大轮廓谷深度

48. 下列不属于位置公差项目的是（　　）。

A. 圆柱度　　B. 平行度　　C. 同轴度　　D. 对称度

49. 下列不属于形状公差项目的是（　　）。

A. 直线度　　B. 对称度　　C. 平面度　　D. 圆柱度

50. 下列不包括在装配图中的是（　　）。

A. 尺寸　　B. 标题栏　　C. 零件编号和明细表　D. 装配要求

二、多项选择题

1. 对于 A0、A1、A2、A3 和 A4 幅面的图纸，说法不正确的是（　　）。

A. A1 幅面是 A0 幅面的对开　　B. A0 幅面是 A1 幅面的对开

C. A2 幅面是 A0 幅面的对开　　D. A0 幅面是 A2 幅面的对开

E. A1 图纸幅面比 A2 图纸幅面大

2. 在机械图中，下列线型用 b/2 宽度的有（　　）。

A. 尺寸线　　B. 虚线　　C. 对称线

D. 中心线　　E. 轮廓线

3. 下列线型用 b 宽度的有（　　）。

A. 可见轮廓线　　B. 不可见轮廓线　　C. 可见过渡线

D. 相邻辅助零件的轮廓线　　E. 基准线

4. 尺寸标注可分为定形尺寸、定位尺寸和总体尺寸三类。下图中属于定形尺寸的是

（　　）。

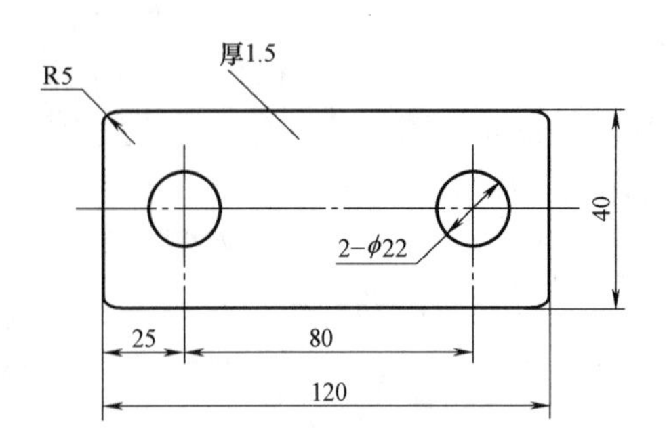

A. 厚 1.5　　B. 25　　C. 80

D. 120　　E. R5

5. 尺寸标注可分为定形尺寸、定位尺寸和总体尺寸三类。下图中属于定形尺寸的是（　　）。

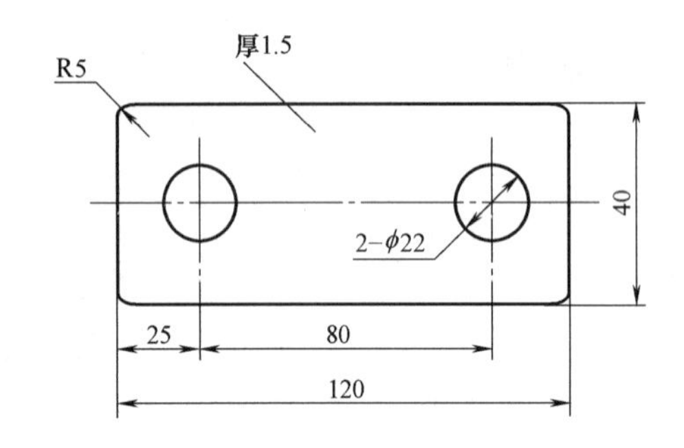

A. 2-ϕ22　　B. 40　　C. 厚 1.5

D. 25　　E. 80

6. 完整的尺寸标注有（　　）部分组成。

A. 指引线　　B. 材料图例　　C. 尺寸界线

D. 尺寸线　　E. 尺寸数字

7. 下列说法中正确的有：（　　）。

A. 尺寸数字可以写在尺寸线上方或中断处

B. 尺寸数字和画图比例有关

C. 尺寸数字表示物体的图示尺寸

D. 尺寸数字的默认单位是毫米

E. 尺寸数字的默认单位是米

8. 零件视图中所用的图线必须按下列（　　）规定绘制。

A. 物体上看不见的轮廓用粗实线绘制，其宽度 b 可在 0.2～1.0mm 范围内选择

B. 物体上看不见的轮廓用粗实线绘制，其宽度 b 可在 0.2～1.2mm 范围内选择

C. 物体上看不见的轮廓用宽度为 $b/2$ 的虚线绘制

D. 物体的对称线、轴线和中心线等用宽度为 $b/3$ 或更细的点划线绘制

E. 物体的对称线、轴线和中心线等用宽度为 $b/2$ 或更细的点划线绘制

9. 尺寸标注的形式有（　　）。

A. 环式　　B. 链式　　C. 累传式

D. 坐标式　　E. 综合式

10. 下列属于正投影的特性的有：（　　）。

A. 真实性　　B. 积聚性　　C. 类似性

D. 相似性　　E. 放大性

11. 工程中常用的三面投影图（又称三面视图）是（　　）。

A. 背面投影图　　B. 正面投影图　　C. 水平投影图

D. 右侧立投影面图　　E. 左侧立投影面图

12. 主视图反映物体的（　　）。

A. 长度　　B. 高度　　C. 宽度

D. X 方向　　E. Y 方向

13. 左视图反映物体的（　　）。

A. 长度　　B. 高度　　C. 宽度

D. X 方向　　E. Y 方向

14. 回转体视图的共同特性有：（　　）。

A. 回转体在与其轴线垂直的投影面上的视图都是圆

B. 回转体不与轴线垂直的其余两视图为两个形状相同的图形

C. 用垂直于回转体轴线的平面切割回转体，所得切口的形状为圆

D. 当回转体的轴线垂直于某投影面时，切口在该投影面上的视图为反映实形的圆

E. 当回转体的轴线垂直于某投影面时，用垂直于回转体轴线的平面切割回转体，切口的其余两视图都积聚成为直线段

15. 组合体投影图看图的一般顺序是（　　）。

A. 先看主要部分，后看次要部分　　B. 先看细节形状，后看整体形状

C. 先看整体形状，后看细节形状　　D. 先看难于确定的部分，后看容易确定的部分

E. 先看容易确定的部分，后看难于确定的部分

16. 工程中有六基本视图：正立面图、平面图、左侧立面图、右侧立面图、底面图、背立面图。常用的三视图是（　　）。

A. 正立面图　　B. 背立面图　　C. 左侧立面图

D. 平面图　　E. 右侧立面图

17. 常用的辅助视图有（　　）。

A. 局部视图　　B. 截面图　　C. 斜视图

D. 剖视图　　E. 全剖视图

18. 常用的剖视图有（　　）等。

A. 全剖视图　　B. 半剖视图　　C. 阶梯剖视图

D. 局部剖视图　　E. 剖面图

19. 通过标注的剖切符号可以知道剖视图的（　　）。

A. 剖切位置　　B. 结构形状　　C. 投影方向

D. 字母或数字代号　　E. 对应关系

20. 标准化是指对产品的（　　）等统一定出的强制性的规定和要求。

A. 型号　　B. 规格尺寸　　C. 颜色

D. 材料　　E. 质量

21. 所谓互换性就是（　　）。

A. 从一批规格相同的零件或部件中，任取其中一件

B. 稍微做些钳工修理加工就能装在机器上

C. 不需做任何挑选就能装在机器上

D. 不需做任何附加的加工就能装在机器上

E. 能达到原定使用性能和技术要求

22. 机械的（　　）有利于进行专业化、大批量生产，对提高生产效率，保证产品质量，降低产品成本，及方便机器维修，延长机器使用寿命等有着十分重要的意义。

A. 标准化　　B. 通用化　　C. 系列化

D. 自动化　　E. 零、部件的互换性

23. 下列有关“公差”说法正确的有（　　）。

A. 公差是一个不为零的数值　　B. 公差没有正号的数值

C. 公差没有负号的数值　　D. 公差可为负公差

E. 公差可为零公差

24. 偏差是一个（　　）值。

A. 可为零　　B. 没有正　　C. 可为正的

D. 没有负　　E. 可为负的

25. 机械制造中的配合有：（　　）。

A. 静配合　　B. 动配合　　C. 间隙配合

D. 基孔制　　E. 基轴制

26. 公差与配合的选择主要考虑以下（　　）的问题。

A. 表面粗糙度的选择　　B. 基准制的选择　　C. 公差等级的选择

D. 配合种类的选择　　E. 配合质量的选择。

27. 关于精度描述正确的有：（　　）。

A. 公差的大小表明零件制造时尺寸准确程度的高低

B. 公差越小，精度越高　　C. 公差越大，精度越高

D. 公差越小，精度越低　　E. 公差越大，精度越低

28. 表面粗糙度的选择十分重要，一般的选用原则是：（　　）。

A. 同一零件上，工件表面应比非工作表面要光洁，即粗糙度要小

B. 在摩擦面上，速度越高，所受的压力越大，则粗糙度应越小

C. 在间隙配合中，配合的间隙越小，和在过盈配合中，要求的结合可靠性越高，则表面粗糙度应越大

D. 承受周期性载荷的表面及可能发生应力集中的圆角沟槽处，表面粗糙度应较小

E. 在满足技术要求的前提下，尽可能采用较小的表面粗糙度，以减少加工的费用

29. 基准代号是用于有位置公差要求的零件上，是由（　　）组成。

A. 基准符号　　B. 圆圈　　C. 形位公差项目的符号

D. 连线　　E. 字母

30. 装配图阅读通常分（　　）阶段。

A. 初步了解　　　　　　B. 分析零件的形体结构和作用

C. 分析零件间的装配关系以及运动件间的相互作用关系

D. 归纳、总结和综合　　　　　　E. 绘制零件视图

31. 零件图应包括以下（　　）内容。

A. 一组图形　　　　　　B. 完整的尺寸　　　　　　C. 必要的技术要求

D. 零件编号和明细表　　　　　　E. 完整的标题栏

三、判断题（正确的在括号内填“A”；不正确的在括号内填“B”）

1. 图样的比例指图形与实物对应要素的线性尺寸之比，1∶50 图样为实物放大的图样。（　　）

2. 角度尺寸数字注写朝向和其他不一样，应水平书写。（　　）

3. 同一方向有几个尺寸基准时，基准间应有联系。（　　）

4. 为了加工和测量而选定的尺寸基准叫做设计基准。（　　）

5. 尺寸基准选择时，应尽量使设计基准和工艺基准重合，这样可以减少尺寸误差，易于加工。（　　）

6. 坐标式尺寸标注的形式的优点是各尺寸不会产生累积误差。（　　）

7. 链式尺寸标注的形式的优点是各尺寸不会产生累积误差。（　　）

8. 重合断面图一般不需要标注，只要在断面图的轮廓线内画出材料图例。（　　）

9. 若移出断面图画在剖切线延长线上，且图形对称（对剖切线而言），只需画点划线表明剖切面位置即可。（　　）

10. 在机械制造中，“公差”用于协调机器零件的标准化与制造经济之间的矛盾。（　　）

11. 公差与配合的通用化，有利于机器的设计、制造、使用和维修，并直接影响产品的精度、性能和使用寿命。（　　）

12. 公差可以为零。（　　）

13. 公差一定为正值。（　　）

14. 公差是没有正、负号的数值。（　　）

15. 上、下偏差之一可以为零。（　　）

16. 孔的实际尺寸大于轴的实际尺寸，这样的配合叫过盈配合（静配合）。（　　）

17. 国家标准规定有两种不同的基准制度，即基孔制和基轴制，并规定在一般情况下，优先采用基轴制。（　　）

18. 不标注旋向的螺纹是左旋螺纹。（　　）

19. “⋀EXT24Z×2.5m×30R×5H/5h　GB/T 3478.1—2008”表示：渐开线内花键。（　　）

四、计算题或案例分析题

（一）绘制、看懂零件图是机械员的基本常识。请回答相关问题。

1. 公差在零件图上标注正确的是（　　）。（单选题）

2. 机械图样上的尺寸单位，除有特别标注说明外，均以（　　）为单位。（单选题）

A. mm　　B. dm

C. cm　　D. m

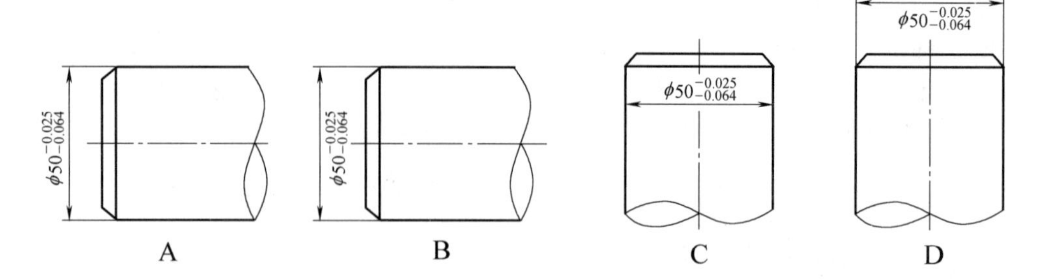

3. 关于上、下偏差描述正确的有（　　）。(多选题)

A. 可以同时为零　　B. 都可以小于零　　C. 都可以大于零

D. 可以一正一负　　E. 可以相等

4. 公差与配合的系列化，有利于机器的设计、制造、使用和维修，并直接影响产品的精度、性能和使用寿命。（　　）(判断题)

5. 孔的实际尺寸小于轴的实际尺寸，这样的配合叫过盈配合（　　）(判断题)

(二) 绘制、看懂机械图是机械员的基本常识。请回答以下相关问题：

6. 关于以下投影图说法正确的是（　　）。(单选题)

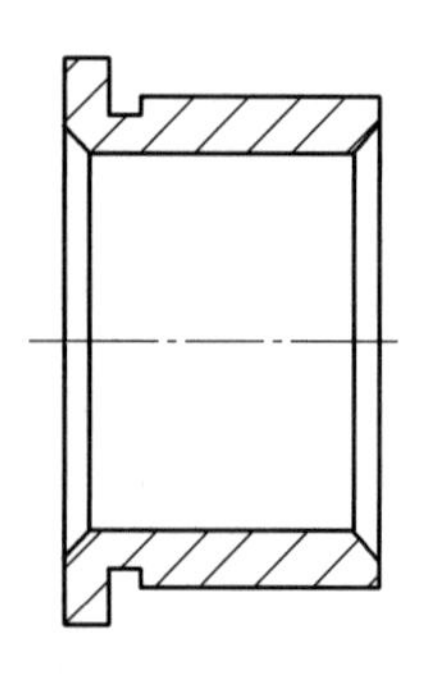

A. 其俯视图外形与本图一样

B. 其俯视图外形为圆形

C. 在零件视图中，可将俯视图、左视图位置互换

D. 为表达清楚，任何零件均需画出主视图、俯视图、左视图

7. 有关尺寸标注规定，下列说法正确的是（　　）。(单选题)

A. 小于半圆的圆弧，应标准串径尺寸

B. 大于半圆的圆弧，应标准串径尺寸

C. 标注球的半径符号是 $S\varphi$

D. 角度数字应竖直注写

8. 关于剖视图的正确说法有（　　）。(多选题)

A. 假想用一个平面在适当位置将零件切开，把剖切平面前面的部分移去，将留下部分向平行剖切平面的投影面上投射，所得的图形叫剖视图

B. 用金属材料制造的零件，其剖面符号为倾斜成45°的细实线

C. 同一零件各剖视图上的剖面线方向一致、间距相等

D. 在零件图中，重合断面图一般不需要标注，只要在断面图的轮廓线内画出材料图例

E. 画单一半剖视图时，虽然内部结构在剖视部分已表达，但视图中表达内部结构的虚线不应省略不画

9. 机械图中的尺寸数字代表物体的实际大小，与绘图时选用的比例无关。（　　）(判断题)

10. 根据零件的结构要求所选定的尺寸基准叫做设计基准。（　　）(判断题)

（三）绘制、看懂机械图是机械员的基本常识。请回答以下相关问题：

11. 关于基轴制，下列说法不正确的是（　　）。(单选题)

A. 基本偏差为一定的轴的公差带，与不同基本偏差的孔的公差带形成各种配合的一种制度

B. 基轴制配合中的轴叫做基准轴

C. 基准轴的上偏差为零，下偏差为负值

D. 基轴制的上偏差为正值，下偏差为零

12. 关于螺纹的牙型表示正确的是（　　）。(单选题)

A. 三角形 M　　B. 梯形 S　　C. 锯齿形 Tr　　D. 矩形 N

13. 表面粗糙度的基本评定参数是（　　）。(多选题)

A. 表面轮廓算术平均偏差　　B. 最大轮廓峰高度　　C. 轮廓的最大高度

D. 图形参数　　E. 最大轮廓谷深度

14. 在机械制造中，“公差”用于协调机器零件的使用要求与制造经济之间的矛盾。（　　）(判断题)

15. “⎍INT24Z×2.5m×30R×5H/5h　GB/T 3478.1—2008”表示的是渐开线外花键。（　　）(判断题)

第9章　施工机械设备的工作原理、类型、构造及技术性能

一、单项选择题

1. 我国规定的齿轮标准压力角为（　　）。

A. 10°　　B. 15°　　C. 20°　　D. 25°

2. 齿轮正确啮合条件除了两齿轮模数必须相等外，还要满足（　　）的要求。

A. 齿厚必须相等　　B. 齿宽必须相等

C. 分度圆上的压力角必须相等　　D. 齿顶上的压力角必须相等

3. 斜齿轮啮合时的条件要求分度园上的模数和压力角相等外，还要求两齿轮分度园上的螺旋角（　　）。

A. β必须大小相等而方向一致　　B. β必须大小相等而方向相反

C. $\beta_1 < \beta_2$ 而方向一致　　D. $\beta_1 > \beta_2$ 而方向相反

4. 具有过载保护作用的传动是（　　）。

A. 皮带传动　　B. 齿轮传动　　C. 链条传动　　D. 蜗杆传动

5. 只承受弯矩作用的轴是（　　）。

A. 心轴　　B. 传动轴　　C. 转轴　　D. 挠性轴

6. 用于开挖大型基坑或沟渠，工作面高度大于机械挖掘的合理高度时宜采用（　　）开挖方式。

A. 正向开挖，侧向装土法　　B. 中心开挖法

C. 分层开挖法　　D. 多层挖土法

7. 使用反铲挖掘机沟角开挖法适于开挖（　　）。

A. 一次成沟后退挖土，挖出土方随即运走时

B. 土质较好、深 10m 以上的大型基坑、沟槽和渠道

C. 开挖较宽的山坡地段或基坑、沟渠

D. 土质较硬，宽度较小的沟槽（坑）

8. 挖掘机在拉铲或反铲作业时，履带或轮胎距工作面边缘距离应分别大于(　　)m。

A. 0.5，1.0　　B. 1.0，1.5　　C. 1.5，2.0　　D. 2.0，2.5

9. 履带式挖掘机短距离自行转移时，应低速缓行，每行走（　　）m 应对行走机构进行检查和润滑。

A. 200～700　　B. 300～800　　C. 400～900　　D. 500～1000

10. 铲运机的主性能参数是（　　）。

A. 生产率（m^3/h）　　B. 铲斗几何容量（m^3）

C. 发动机功率（kW）　　D. 机重（t）

11. 轮胎式的和大型自行式铲运机的经济运距为（　　），最大运距可达 5000m。

A. 500～1000m　　B. 800～1500m　　C. 1000～1500m　　D. 1000～2000m

12. 当定距在（　　）时，可选择中型（斗容 6～9m^3）拖式铲运机。

A. 50～300m　　B. 70～800m　　C. 100～800m　　D. 300～1500m

13. 平地机主要用于（　　）。

A. 路基成形　　B. 边坡修整

C. 铺路材料的摊平　　D. 土面积场地平整

14. 平地机的主性能参数是（　　）。

A. 生产率（m^2/h）　　B. 生产率（m^3/h）

C. 发动机功率（kW）　　D. 发动机功率（马力）

15. 静力压桩机多节桩施工时，接桩面应距地面（　　）m 以上便于操作。

A. 0.5　　B. 1　　C. 1.5　　D. 2

16. 压桩时，非工作人员应离机（　　）m 以外。起重机的起重臂下，严禁站人。

A. 5　　B. 10　　C. 15　　D. 20

17. 静力压桩机施工接桩时，上一节应提升（　　）mm，且不得松开夹持板。

A. 50～100　　B. 150～200　　C. 250～300　　D. 350～400

18. 转盘钻孔机钻架的吊重中心、钻机的卡孔和护进管中心（　　）。

A. 允许偏差为 20mm　　B. 允许偏差小于 20mm

C. 应在同一垂直线上　　D. 可在不同的垂线上

19. 螺旋钻孔机作业场地距电源变压器或供电主干线距离应在（　　）m 以内。

A. 200　　B. 150　　C. 100　　D. 50

20. 全套管钻机的使用中为避免泥砂涌入，在一般情况下也不宜超挖（即超过套管预挖）。十分坚硬的土层中，超挖极限（　　）m，并注意土壤裂缝的存在，即便是土壤较硬，也会出现孔壁坍塌。

A. 1　　B. 1.5　　C. 2　　D. 2.5

21. 全套管钻机浇筑混凝土时，钻机操作应和灌注作业密切配合，应根据孔深、桩长适当配管，套管与浇筑管保持同心，在浇注管埋入混凝土（　　）m 之间时，应同步拔管和拆管，并应确保浇筑成桩质量。

A. 1～2　　B. 2～3　　C. 2～4　　D. 3～4

22. 转盘钻孔机钻进进尺达到要求确认无误后，再把钻头略为提起，降低转速，空转（　　）后再停钻。

A. 空转 3～5min　　B. 空转 5～20min

C. 再钻 3～5min　　D. 停风

23. 螺旋钻孔机作业场地距电源变压器或供电主干线距离应在 200m 以内，启动时电压降不得超过额定电压的（　　）%。

A. 5　　B. 10　　C. 15　　D. 20

24. 螺旋钻孔机安装后，钻杆与动力头的中心线允许偏斜为全长的（　　）%。

A. 1　　B. 2　　C. 3　　D. 4

25. 顶升压桩机时，四个顶升缸应两个一组交替动作，每次行程不得超过（　　）mm。当单个顶升缸动作时，行程不得超过 50mm。

A. 90　　B. 100　　C. 120　　D. 150

26. 全套管钻机第一节套管入土后，应随时调整套管的垂直度。当套管入土（　　）m 以下时，不得强行纠偏。

A. 3　　B. 5　　C. 8　　D. 10

27. 静压桩机操作中不正确的是（　　）。

A. 当桩的贯入力太大，使桩不能压至标高时应及时增加配重

B. 当桩顶不能最后压到设计标高时，应将桩顶部分凿去。不得用桩机行走的方式，将桩强行推断

C. 当压桩引起周围土体隆起，影响桩机行走时，应将桩机前进方向隆起的土铲平，不得强行通过

D. 压桩机在顶升过程中，船形轨道不应压在已入土的单一桩顶上

28. 液压油的工作温度宜保持在 30～60℃范围内，使用中宜控制油温最高不超过（　　）；当油温过高时，应检查油量、油黏度、冷却器、过滤器等是否正常，找出故障并排除后，方可继续使用。

A. 70℃　　B. 80℃　　C. 85℃　　D. 90℃

29. 螺旋钻孔机安装前，应检查并确认钻杆及各部件无变形；安装后，钻杆与动力头

的中心线允许偏斜为全长的（　　）。

A. 1%　　B. 2%　　C. 3%　　D. 4%

30. 混凝土搅拌机的主参数是指混凝土搅拌机的（　　）。

A. 搅拌筒容量（L）　　B. 装料体积（L）

C. 额定出料容量（L）　　D. 生产率（m^3/h）

31. 预拌混凝土的搅动输送的运距一般在（　　）km 以内。

A. 10　　B. 15　　C. 20　　D. 25

32. 混凝土的（　　）方式，运距最长。

A. 预拌混凝土搅动输送　　B. 湿料搅拌输送

C. 干料注水搅拌输送　　D. 输送泵输送

33. 主要用来振实各种深度或厚度尺寸较大的混凝土结构和构件的是（　　）。

A. 内部振动器　　B. 外部附着振动器

C. 表面振动器　　D. 振动台

34. 宜用于形状复杂的薄壁构件和钢筋密集的特殊构件的振动的是（　　）。

A. 内部振动器　　B. 外部附着振动器

C. 表面振动器　　D. 振动台

35. 主要用于预制构件厂大批生产混凝土构件的是（　　）。

A. 内部振动器　　B. 外部附着振动器

C. 表面振动器　　D. 振动台

36. 盘圆钢筋的加工生产工序为：（　　）。

A. →矫直→除锈→对接（焊）→切断→弯曲→焊接成型

B. →除锈→对接（焊）→冷拉→切断→弯曲→焊接成型

C. →开盘→冷拉、冷拔→调直→切断→弯曲→点焊成型（或绑扎成型）

D. →矫直→对接（焊）→切断→弯曲→焊接成型

37. 直条钢筋的加工生产工序为：（　　）。

A. →矫直→除锈→对接（焊）→切断→弯曲→焊接成型

B. →除锈→对接（焊）→冷拉→切断→弯曲→焊接成型

C. →开盘→冷拉、冷拔→调直→切断→弯曲→点焊成型（或绑扎成型）

D. →矫直→对接（焊）→切断→弯曲→焊接成型

38. 直条粗钢筋的加工生产工序为：（　　）。

A. →矫直→除锈→对接（焊）→切断→弯曲→焊接成型

B. →除锈→对接（焊）→冷拉→切断→弯曲→焊接成型

C. →开盘→冷拉、冷拔→调直→切断→弯曲→点焊成型（或绑扎成型）

D. →对接（焊）→冷拉→切断→弯曲→焊接成型

39. 最常用的冷拉设备是（　　）冷拉机。

A. 绞盘式　　B. 液压缸式　　C. 螺旋式　　D. 卷扬机式

40. 钢筋的冷拉速度不宜过快，使钢筋在常温下塑性变形均匀，一般控制在（　　）

为宜。

A. 0.2～0.5m/min　　B. 0.5～1.0m/min

C. 0.1～1.5m/min　　D. 1.5～2.0m/min

41. 钢筋冷拔机被冷拔的钢筋一般是（　　）的Ⅰ级光面圆钢筋。

A. ϕ6mm～8mm　　B. ϕ8mm～10mm

C. ϕ10mm～15mm　　D. ϕ15mm～20mm

42. 按目前的经验，一般ϕ5钢丝宜用≯（　　）的盘条拔制而成。

A. ϕ6.5　　B. ϕ8　　C. ϕ10　　D. ϕ12

43. 钢筋调直机是用于调直和切断直径不大于（　　）钢筋的机器。对于直径大于（　　）的粗钢筋，一般是靠冷拉机来矫直。

A. 10mm　　B. 12mm　　C. 14mm　　D. 16mm

44. 使用钢筋切断机时，固定刀片与活动刀片之间应有（　　）的水平间隙。

A. 0.2～0.5mm　　B. 0.3～0.6mm　　C. 0.4～0.8mm　　D. 0.5～1mm

45. 钢筋（　　）多用于短段粗钢筋的对接。

A. 弧焊机　　B. 对焊机　　C. 点焊机　　D. 气焊机

46. 钢筋（　　）适用于钢筋网片和骨架的制作。

A. 弧焊机　　B. 对焊机　　C. 点焊机　　D. 气焊机

47. 钢筋（　　）可用于钢筋接长、钢筋骨架及预埋件等的焊接。

A. 弧焊机　　B. 对焊机　　C. 点焊机　　D. 气焊机

48. 附着式塔式起重机一般规定每隔（　　）m将塔身与建筑物用锚固装置连接。

A. 15　　B. 20　　C. 25　　D. 30

49. 内爬升式塔式起重机是一种安装在（　　）的起重机械。

A. 借助锚固支杆附着在建筑物外部结构上

B. 固定在建筑物近旁的钢筋馄凝土基础上

C. 建筑物内部（电梯井或特设开间）结构上

D. 施工场地上借助于轨道行走

50. 起重机的金属结构、轨道及所有电气设备的金属外壳，应有可靠的接地装置、接地电阻不应大于（　　）。

A. 4Ω　　B. 6Ω　　C. 8Ω　　D. 10Ω

51. 起重机的轨道基础设置时，应距轨道终端1m处必须设置缓冲止挡器，其高度要求为（　　）。

A. 不大于行走轮的半径　　B. 不小于行走轮的半径

C. 等于行走轮的半径　　D. 不限制

52. 起重机拆装前应按照出厂有关规定，编制拆装作业方法、质量要求和安全技术措施，经（　　）审批后，作为拆装作业技术方案，并向全体作业人员交底。

A. 建设行政主管部门　　B. 建设安监部门

C. 企业技术负责人　　D. 项目经理

53. 起重机安装塔身和基础平面的垂直度允许偏差为（　　）。

A. 1/1000　　B. 2/1000　　C. 3/1000　　D. 4/1000

54. 风力在（　　）级及以上时，不得进行起重机塔身升降作业。

A. 四　　B. 五　　C. 六　　D. 七

55. 起重机在附着框架和附着支座布设时，附着杆倾斜角不得超过（　　）。

A. 5°　　B. 10°　　C. 15°　　D. 20°

56. 内爬升塔式起重机的固定间隔不宜小于（　　）楼层。

A. 2 个　　B. 3 个　　C. 4 个　　D. 5 个

57. 当同一施工地点有两台以上起重机时，应保持两机间任何接近部位（包括吊重物）距离不得小于（　　）m。

A. 1　　B. 2　　C. 3　　D. 4

58. 动臂式起重机允许带载变幅的，当载荷达到额定起重量的（　　）及以上时，严禁变幅。

A. 80％　　B. 85％　　C. 90％　　D. 95％

59. QTZ100 型塔式起重机具有固附着、内爬等多种使用形式，该塔机额定起重力矩和最大额定起重量分别为（　　）。

A. 1000kN·m，80kN　　B. 800kN·m，60kN

C. 600kN·m，40kN　　D. 400kN·m，20kN

60. 爬升式塔式起重机的爬升过程中提升套架的操作顺序是（　　）。

A. 开动起升机构将套架提升至两层楼高度→松开吊钩升高至适当高度并开动起重小车到最大幅度处→摇出套架四角活动支腿并用地脚螺栓固定

B. 松开吊钩升高至适当高度并开动起重小车到最大幅度处→摇出套架四角活动支腿并用地脚螺栓固定→开动起升机构将套架提升至两层楼高度

C. 摇出套架四角活动支腿并用地脚螺栓固定→开动起升机构将套架提升至两层楼高度→松开吊钩升高至适当高度并开动起重小车到最大幅度处

D. 开动起升机构将套架提升至两层楼高度→摇出套架四角活动支腿并用地脚螺栓固定→松开吊钩升高至适当高度并开动起重小车到最大幅度处

61. 塔式起重机工作幅度也称回转半径，指（　　）之间的水平距离。

A. 起重物边到塔式起重机回转中心线

B. 起重吊钩中心到塔式起重机回转中心线

C. 起重吊钩中心到塔式起重机边缘

D. 起重物边到塔式起重机边缘

62. 起重机安装过程中，必须分阶段进行（　　）。

A. 安全检查　　B. 技术检验　　C. 安装抽查　　D. 质量检查

63. 可改成附着式塔式起重机的是（　　）自升塔式起重机。

A. 上回转　　B. 下回转　　C. 中心回转　　D. 独立回转

64. 塔式起重机的拆装作业（　　）进行。

A. 可在夜间　　B. 应在白天　　C. 可不限时　　D. 小雨也可以

65. 起重机的附着锚固遇有（　　）级及以上大风时，严禁安装或拆卸锚固装置。

A. 四　　B. 五　　C. 六　　D. 七

66. 汽车起重机起吊重物达到额定起重量的（　　）%以上时，严禁同时进行两种及以上的操作动作。

A. 70　　B. 80　　C. 90　　D. 95

67. 起重机应在平坦坚实的地面上作业，行走和停放。在正常作业时，坡度不得大于（　　），并应与沟渠、基坑保持安全距离。

A. 1°　　B. 2°　　C. 3°　　D. 4°

68. 起重机塔身升降时顶升前应预先放松电缆，其长度宜（　　）顶升总高度，并应紧固好电缆卷筒，下降时应适时收紧电缆。

A. 大于　　B. 小于　　C. 等于　　D. 不大于

69. 起重机内爬升完毕后，楼板上遗留下来的开孔，应（　　）。

A. 作临时加固　　B. 进行保留

C. 作永久加固　　D. 立即采用钢筋混凝土封闭

70. 新安装或转移工地重新安装以及经过大修后的升降机，（　　），必须经过坠落试验。

A. 在投入使用前　B. 使用后一个月　C. 使用2个月　D. 使用后3天

71. 施工电梯操作达到（　　）应该进行一级保养。

A. 48h　　B. 72h　　C. 120h　　D. 160h

72. 升降机梯笼周围（　　）m范围内应设置稳固的防护栏杆，各楼层平台通道应平整牢固，出入口应设防护栏杆和防护门。

A. 2　　B. 2.5　　C. 3　　D. 3.5

73. 升降机启动后，应进行（　　）升降试验，测定各传动机构制动器的效能，确认正常后，方可开始作业。

A. 空载　　B. 满载　　C. 联合　　D. 制动

74. 升降机在（　　）载重运行时，当梯笼升离地面1～2m时，应停机试验制动器的可靠性；当发现制动效果不良时，应调整或修复后方可运行。

A. 每天　　B. 每班首次　　C. 每周　　D. 每10天

75. 升降机的防坠安全器，在使用中不得任意拆检调整，需要拆检调整时或每用满（　　）后，均应由生产厂或指定的认可单位进行调整、检修或鉴定。

A. 3个月　　B. 半年　　C. 1年　　D. 3年

76. RHS-1型施工升降机的额定载重量（kg）、乘员人数（人/笼）、最大提升高度（m）分别为（　　）。

A. 1000，7，80　　B. 1000，11，100

C. 1000，5，40　　D. 1000，15，120

77. 新安装或转移工地重新安装以及经过大修后的升降机，在投入使用前，必须经过坠落试验。试验程序应按说明书规定进行，当试验中梯笼坠落超过（　　）m制动距离时，应查明原因，并应调整防坠安全器，切实保证不超过1.2m制动距离。

A. 0.8　　B. 1.0　　C. 1.2　　D. 2.0

78. 施工升降机安装和拆卸工作必须由（　　）承担。

A. 专业队精心挑选的人员

B. 富有经验的操作人员

C. 接受过安装和拆卸技术交底的人员

D. 经过专业培训，取得操作证的专业人员

79. 升降机在每班首次载重运行时，当梯笼升离地面（　　）m 时，应停机试验制动器的可靠性。

A. 1～2　B. 2～3　C. 3～4　D. 4～5

80. 梯笼内乘人或载物时，载荷不得（　　）。

A. 均匀分布　B. 偏重　C. 严禁超载　D. 同时载人载物

81. 升降机梯笼周围（　　）m 范围内应设置稳固的防护栏杆，各楼层平台通道应平整牢固，出入口应设防护栏杆和防护门。

A. 1.5　B. 2.0　C. 2.5　D. 3.0

82. 新安装或转移工地重新安装以及经过大修后的升降机，在投入使用前，必须经过（　　）试验。

A. 载重　B. 制动　C. 防坠　D. 坠落

83. 施工升降机启动后，应进行（　　）试验，测定各传动机构制动器的效能，确认正常后，方可开始作业。

A. 满载升降　B. 空载升降　C. 制动　D. 坠落

84. 交流弧焊机焊接电缆与焊件接触不良时，焊接过程中电流忽大忽小，为此我们可以通过（　　）方法排除故障。

A. 设法消除可动铁心的移动　B. 使焊接电缆与焊件接触良好

C. 减少电缆长度或加大直径　D. 检查修理移动机构

85. CO_2 气体保护焊机的使用和保养不正确的做法是（　　）。

A. 焊机应按外部接线图正确安装，并根据环境和施工情况确定焊机外壳是否接地

B. 经常检查电源和控制部分的接触器及继电器具等触点的工作情况，发现损坏，应及时修理和更换

C. 经常检查焊枪喷嘴与导电杆之间的绝缘情况，防止焊枪喷嘴带电，检查预热器工作情况，保证预热器正常工作

D. 工作完毕必须切断焊机电源，关闭气源

86. 地板刨平机和地板磨光机操作中应平缓、稳定，防止尘屑飞扬。连续工作（　　）h 后，应停机检查电动机温度，若超过铭牌标定的标准，待冷却降温后再继续工作。电器和导线均不得有漏电现象。

A. 2～3　B. 2～4　C. 2～5　D. 2～6

87. 挤压式灰浆泵当压力迅速上升，有堵管现象时，应反转泵送（　　）转，使灰浆返回料斗，经搅拌后再泵送。当多次正反泵仍不能畅通时，应停机检查，排除堵塞。

A. 1～2　B. 2～3　C. 2～4　D. 3～4

88. CO_2 气体保护焊 CO_2 气体瓶宜放在阴凉处，其最高温度不得超（　　）℃，并放置牢靠，不得靠近热源。

A. 20　B. 25　C. 30　D. 35

89. 灰气联合泵的工作原理为：当曲轴旋转时，泵体内的活塞作（　　）运动，小端用于压送砂浆，大端可压缩空气。

A. 上下　　B. 左右　　C. 旋转　　D. 往复

90. 灰气联合泵工作中要注意压力表的压力，超压时应及时停机，打开（　　）查明原因，排除故障后再启动机械。

A. 进浆口　　B. 出浆口　　C. 泄浆阀　　D. 进浆阀

91. CO_2 气体保护焊作业前，CO_2 气体应先预热（　　）min。开机前，操作人员必须站在瓶嘴侧面。

A. 5　　B. 10　　C. 15　　D. 20

92. 硅整流弧焊机不允许在高湿度（相对湿度超过（　　）%），高温度（周围环境湿度超过（　　）℃）以及有害工业气体，易燃、易爆、粉尘严重的场合下工作。

A. 70，35　　B. 75，35　　C. 80，40　　D. 90，40

93. 剪板机空运行正常后，应带动上刀刃空剪（　　）次，检查刀具、离合器、压板等部件正常后，方可进行剪切。

A. 1～2　　B. 2～3　　C. 3～4　　D. 4～5

94. 剪板机更换剪刀或调整剪刀间隙时，上下剪刀的间隙一般为剪切钢板厚度的（　　）为宜。

A. 2%　　B. 3%　　C. 4%　　D. 5%

95. 下列用于取代旋转直流焊机的理想设备是（　　）。

A. 交流弧焊机　　B. 可控硅整流弧焊机

C. 等离子切割机　　D. 埋弧自动焊机

96. 广泛应用于不锈钢薄板制品焊接的设备是（　　）。

A. 逆变式直流脉冲氩弧焊机　　B. 等离子切割机

C. 二氧化碳气体保护焊机　　D. 埋弧自动焊机

二、多项选择题

1. 齿轮传动具有如下（　　）应用特点。

A. 传动功率高，一般可达 97%～99%

B. 能保证恒定的传动比

C. 可用于轴间距离较远的传动

D. 结构紧凑，工作可靠，使用寿命长

E. 工作时不能自行过载保护

2. 以下对齿轮模数 m 说法正确的有（　　）。

A. 模数是计算齿轮各部分尺寸的最基本参数

B. 模数直接影响齿轮大小、轮齿齿形的大小

C. 模数越大，轮齿的承载能力也越大

D. 模数越大，传动比越大

E. 模数没有单位

3. 所谓标准齿轮就是齿轮的（　　）均取标准值。

A. 齿顶高系数　B. 径向间隙系数　C. 节圆半径　D. 压力角　E. 模数

4. 斜齿轮传动比起直齿轮传动具有（　　）特点。

A. 参加啮合的齿数较多　B. 传动平稳

C. 承载力高　D. 传递效率高

E. 会发生附加的轴向分力

5. 常见轮齿失效形式有（　　）。

A. 轮齿的疲劳点蚀　B. 齿面磨损

C. 模数变化　D. 轮齿折断

E. 塑性变形

6. 下列属于螺纹连接的机械防松方式的有（　　）。

A. 双螺母（对顶螺母）防松　B. 弹簧垫圈防松

C. 开口销和开槽螺母防松　D. 止动垫圈防松

E. 串联钢丝防松

7. 带传动的使用主要要点（　　）。

A. 使用三角皮带传动时，两轮的轴线必须平行

B. 三角皮带的型号必须与轮槽的型号一致

C. 三角皮带装上后，应予以张紧。一般在皮带中心位置，以大拇指能压下 15mm 左右为宜

D. 成组使用的三角皮，如果其中一根或几根皮带损坏，可只换损坏的，以节省三角皮

E. 皮带传动装置应配备自动张紧装置或做成中心距可调整的形式

8. 与带传动相比，链传动具有以下（　　）特点。

A. 传动效率较高，通常为 0.92～0.98　B. 由于是啮合传动，能传递较大的圆周力

C. 只能用于平行轴间传递运动和动力　D. 具有过载保护作用

E. 不能保证传动比恒定

9. 轴可看成是由（　　）部分组成。

A. 轴颈　B. 轴肩　C. 轴身　D. 轴环　E. 轴头

10. 以下属于轴上零件周向固定的方法是（　　）。

A. 过盈配合固定　B. 用轴肩和轴环固定

C. 用轴套固定　D. 紧定螺钉和销固定

E. 用键固定

11. 连续作业式的挖掘机有（　　）等多种类型。

A. 单斗挖掘机　B. 挖掘装载机

C. 多斗挖掘机　D. 多斗挖沟机

E. 掘进机

12. 单斗挖掘机主要由（　　）、动力装置、电气系统和辅助系统等组成。

A. 工作装置　B. 回转机构

C. 行走装置　D. 铲斗

E. 液压系统

13. 单斗挖掘机在开挖作业时，应该重点注意的事有：（　　）。

A. 当液压缸伸缩将达到极限位时，应动作平稳，不得冲撞极限块

B. 所有操纵杆应置于中位

C. 当需制动时，应将变速阀置于低速位置

D. 当发现挖掘力突然变化，应停机检查

E. 不得将工况选择阀的操纵手柄放在高速挡位置

14. 单斗挖掘机工作中油泵不出油是因为（　　）。

A. 过滤器太脏　　B. 油箱中的油位低

C. 轴承磨损严重　　D. 油液过黏

E. 系统中进入空气

15. 履带式挖掘机作短距离行走时，应该做到（　　）。

A. 工作装置应处于行驶方向的正前方　　B. 主动轮应在后面

C. 斗臂应在正前方与履带平行　　D. 采用固定销将回转平台锁定

E. 铲斗应离地面 1m

16. 静力压桩机工作时出现液压缸活塞动作缓慢的原因是（　　）。

A. 油管或其他元件松动　　B. 油压太低

C. 液压缸内吸入空气　　D. 滤油器或吸油管堵塞

E. 液压泵或操纵阀内泄漏

17. 整机式套管钻机由（　　）等装置组成。

A. 履带主机　　B. 套管

C. 落锤式抓斗　　D. 摇动式钻机

E. 钻架

18. 静力压桩机由（　　）等部分组成。

A. 支腿平台结构　　B. 走行机构

C. 钻架　　D. 配重

E. 起重机

19. 螺旋钻孔机启动后，应作空运转试验，检查（　　）等各项工作正常，方可作业。

A. 仪表　　B. 温度　　C. 压力　　D. 声响　　E. 制动

20. 混凝土机械应包括（　　）等类机械。

A. 称量　　B. 搅拌　　C. 输送　　D. 浇筑　　E. 成型

21. 混凝土是由水泥、砂、石子和水按一定比例（配合比）混合后，经（　　）而形成的一种用量极大的主要建筑材料。

A. 搅拌　　B. 加气　　C. 浇筑　　D. 密实成型　　E. 养护硬化

22. 自落式搅拌机宜于搅拌（　　）混凝土。

A. 塑性　　B. 干硬性　　C. 较大粒径　　D. 轻骨料　　E. 重骨料

23. 强制式搅拌机宜于搅拌（　　）混凝土。

A. 塑性　　B. 干硬性　　C. 低流动性　　D. 轻质骨料　　E. 重骨料

24. 自落式混凝土搅拌机的主要技术参数有（　　）。

A. 搅拌筒容量　　B. 搅拌速度

C. 搅拌循环时间 D. 生产率

E. 搅拌筒转速

25. 按振动方式不同，混凝土振动器分为（　　）等种。

A. 内部振动器 B. 外部振动器

C. 表面振动器 D. 插入振动器

E. 振动台

26. 钢筋调直机可用来进行钢筋的（　　）处理工作。

A. 冷拉 B. 冷拔

C. 调直 D. 定长剪断

E. 表面除锈皮

27. QTZ63 塔式起重机主要由（　　）等部分组成。

A. 金属结构 B. 工作机构

C. 气压顶升机构 D. 电气设备及控制系统

E. 液压顶升系统

28. 塔式起重机的混凝土基础应符合下列要求（　　）。

A. 混凝土强度等级不低于 C35

B. 每间隔 6m 应设轨距拉杆一个

C. 基础表面平整度允许偏差 1/1000

D. 埋设件的位置、标高和垂直以及施工工艺符合出厂说明书要求

E. 混凝土基础周围应修筑边坡和排水设施

29. 拆装人员进入现场时，应（　　）。

A. 持有有效的特种作业操作证 B. 穿戴安全保护用品

C. 高处作业时应系好安全带 D. 熟悉并认真执行拆装工艺和操作规程

E. 发现异常情况或疑难问题时，及时处理

30. 轨道式起重机作业前，应重点对轨道基础做好以下工作：（　　）。

A. 检查是否平直无沉陷

B. 清除障碍物

C. 检查金属结构和工作机构的外观情况正常

D. 检查鱼尾板连接螺栓及道钉无松动

E. 松开夹轨器并向上固定

31. 塔式起重机启动前重点检查（　　）。

A. 检查鱼尾板连接螺栓及道钉无松动

B. 各安全装置和各指示仪表齐全完好

C. 各齿轮箱、液压油箱的油位符合规定

D. 主要部位连接螺栓无松动

E. 钢丝绳磨损情况及各滑轮穿绕符合规定

32. 施工升降机作业前重点检查项目是（　　）。

A. 各部结构有无变形

B. 连接螺栓有无松动

C. 齿条与齿轮、导向轮与导轨接合是否正常

D. 钢丝绳固定是否良好，有无异常磨损

E. 基础是否坚固

33. 常用起重机具的类型有（　　）。

A. 杠杆　　B. 千斤顶　　C. 葫芦　　D. 吊钩　　E. 卷扬机

34. 电动卷扬机主要由（　　）等组成。

A. 卷筒　　B. 减速器　　C. 电动机　　D. 齿轮　　E. 控制器

35. 常用的焊接机械有（　　）。

A. 交流弧焊机　　B. 逆变式直流脉冲氩弧焊机

C. 硅整流弧焊机　　D. 埋弧自动焊机

E. 气体保护焊机

36. 等离子切割机是一种新型的热切割设备，它的工作原理是以压缩空气为工作气体，以高温高速的等离子弧为热源，将被切割的金属局部熔化，并同时用高速气流将已熔化的金属吹走，形成狭窄切缝。该设备可用于（　　）等各种金属材料切割。

A. 不锈钢板　　B. 铝板

C. 铜板　　D. 厚铸铁板

E. 中、薄碳钢板

37. 水磨石机使用的电缆线应达到下列要求（　　）。

A. 离地架设　　B. 不得放在地面上拖动

C. 采用截面 1.5mm² 的绝缘多股铜线　　D. 电缆线应无破损

E. 保护接地良好

38. 灰浆联合机使用中出现泵吸不上砂浆或出浆不足的原因是（　　）。

A. 砂浆稠度不合适或砂浆搅拌不匀　　B. 吸浆管道密封失效

C. 离合器打滑　　D. 弹簧断裂或活塞脱落

E. 阀球变形、撕裂及严重磨损

39. 必须做到（　　）才能保证喷浆机的正常使用。

A. 喷射的浆液须经过滤　　B. 应往料斗注入清水

C. 吸浆滤网不得有破损　　D. 堵塞进浆口

E. 吸浆管口不得露出液面

40. 喷浆机的安全操作要求是：（　　）。

A. 石灰浆的密度应为 1.06～1.10g/cm³

B. 喷涂前，应对石灰浆采用 60 目筛网过滤两遍

C. 吸浆管口不得露出液面以免吸入空气

D. 喷嘴孔径宜为 2.0～2.8mm

E. 泵体内不得无液体干转

三、判断题（正确的在括号内填“A”；不正确的在括号内填“B”）

1. 作业后，挖掘机不得停放在高边坡附近和填方区，应停放在坚实、平坦、安全的地带，将铲斗收回平放在地面上，所有操纵杆置于中位，关闭操纵室和机棚。　（　　）

2. 作业中，履带式挖掘机作短距离行走时，从动轮应在后面，斗臂应在正前方与履带平行，制动柱回转机构，铲斗应离地面1m。（　）

3. 转盘钻孔机提钻、下钻时，应轻提轻放。钻机下和井孔周围及高压胶管下，不得站人。严禁钻杆在旋转时提升。（　）

4. 当螺旋钻孔机钻机发出下钻限位报警信号时，应停钻，并将钻杆稍稍提升，待解除报警信号后，方可继续下钻。（　）

5. 提钻、下钻时，应轻提轻放。钻机下和井孔周围2m以内及高压胶管下，不得站人。严禁钻杆在旋转时提升。（　）

6. 螺旋钻孔机作业中，当需改变钻杆回转方向时，应待钻杆完全停转后再进行。（　）

7. 混凝土泵车就是自行式的混凝土泵，它能以载重汽车的速度行驶到浇灌混凝土的地点，利用车上的布料装置，在混凝土工程中进行直接浇灌作业。（　）

8. 泵送混凝土的含砂率应比非泵送混凝土的含砂率高2%～5%，以提高可泵性。（　）

9. 泵送混凝土的含砂率应比非泵送混凝土的含砂率低2%～5%，以提高可泵性。（　）

10. 经过数次冷拔后的钢筋称之为低碳冷拔钢丝，其强度将很大提高，但塑性将降低。（　）

11. 经过数次冷拔后的钢筋称之为低碳冷拔钢丝，其强度将很大提高，塑性也有所提高。（　）

12. 轮胎起重机可360°回转作业，在平坦坚实的地面可不用支腿进行起重作业以及带负荷行驶。（　）

13. 起重机回转半径的大小，主要取决于臂杆倾角，臂杆长度和起重量。（　）

14. 起重机的回转半径又称为起重半径，它也称起重机的工作半径或起重幅度，是起重机三个主要参数（回转半径、起重量、起重高度）之一。（　）

15. 当回转台与塔身标准节之间的最后一处连接螺栓（销子）拆卸困难时，可以旋转起重臂动作来松动螺栓（销子）。（　）

16. 升降作业过程，必须有专人指挥，专人照看电源，专人操作液压系统，专人拆装螺栓。（　）

17. 为提高工作效率，动臂式起重机的起升、回转、变幅、行走可同时进行。（　）

18. 应保持起重机上所有安全装置灵敏有效，如发现失灵的安全装置，应及时修复或更换。（　）

19. 塔吊起重机在建筑工地多为露天作业，工作条件较差，必须经常对机械进行润滑、清洁和保养工作。（　）

20. 锚固装置的安装、拆卸、检查和调整，均应有专人负责，工作时应系安全带和戴安全帽，并应遵守高处作业有关安全操作的规定。（　）

21. 起重机作业中如遇六级及以上大风或阵风，应立即停止作业，锁紧夹轨器，将回转机构的制动器制动住，起重臂不能随意转动。（　）

22. 动臂式和尚未附着的自升式塔式起重机，塔身上应悬挂标语牌。（　）

23. 升降机的防坠安全器，在使用中不得任意拆检调整，需要拆检调整时或每用满2

年后，均应由生产厂或指定的认可单位进行调整、检修或鉴定。（　　）

24. 水磨石机宜在混凝土达到设计强度 90%时进行磨削作业。（　　）

25. 常见的二氧化碳气体保护焊机的额定负载持续率都是 60%。（　　）

26. NBC-250 型焊机，数字“250”是指焊机的额定焊接电流为 250 安培。（　　）

四、计算题或案例分析题

（一）由两对相互啮合的标准斜齿圆柱齿轮组成的两级减速系统，已知齿轮：$m_t=3$，$\alpha_t=20°$，$Z_1=11$，$Z_2=44$，$Z_3=15$，$Z_4=75$。当输入轴以电动机的转速 1480r/min 转动时，请根据给定数据，回答下列问题：

1. 输出轴上的转速应为（　　）r/min。（单选）

A. 370　　B. 296　　C. 164　　D. 74

2. 输入轴与输出轴间的中心距为（　　）mm。（单选）

A. 177　　B. 217.5　　C. 135　　D. 82.5

3. 该斜齿圆柱齿轮准确啮合要满足的条件，即保证：（　　）相等。（多选题）

A. 分度园　　B. 模数　　C. 周节　　D. 压力角

E. 螺旋角 β 大小相等而方向相反

4. 如果将 Z_3 和 Z_4 两齿轮的模数改为 4，该减速系统能够工作。（　　）（判断题）

5. 若该相互啮合的两齿轮发生齿面胶合时，则该轮齿即失效。（　　）（判断题）

（二）一对相互啮合的标准直齿圆柱齿轮，$m=2.5$mm，$\alpha=20°$，$Z_1=21$，$Z_2=33$，请根据给定条件，回答下列问题：

6. Z_1 齿轮的分度圆直径为（　　）mm。（单选题）

A. 21　　B. 42　　C. 52.5　　D. 63

7. 两齿轮的齿顶高为（　　）mm。（单选题）

A. 2　　B. 2.5　　C. 3　　D. 3.5

8. 两齿轮的齿顶圆直径分别为（　　）mm。（多选题）

A. 52.5　　B. 57.5　　C. 60

D. 46.25　　E. 87.5

9. 两齿轮的标准中心距为 mm。（　　）（判断题）

10. Z_2 齿轮的分度圆直径为 82.5mm。（　　）（判断题）

（三）挖掘机是以开挖土石方为主的工程机械，广泛用于各类建设工程的土、石方施工中。对于机械员来说，了解单斗挖掘机的性能指标、使用要求和安全操作是十分必要的。试问：

11. WY100 型液压挖掘机正常使用后，应坚持（　　）对回转齿圈齿面加油。（单选题）

A. 每班或累计 10h 工作以后　　B. 每周或累计工作 100h 以后

C. 每季或累计 50 个工作日以后　　D. 经常性地

12. 履带式挖掘机转移工地应采用平板施车装运。短距离自行转移时，应低速缓行，每行走（　　）m 应对行走机构进行检查和润滑。（　　）（单选题）

A. 50～100　　B. 80～150　　C. 100～500　　D. 500～1000

13. 反铲挖掘机常用的开挖方法，主要有（　　）几种。（多选题）

A. 多层挖土法　　B. 多层接力开挖法
C. 沟端开挖法　　D. 沟侧开挖法
E. 沟角开挖法

14. 作业中，当发现挖掘力突然变化，应停机将分配阀压力进行调整。(　　)(判断题)

15. 单斗挖掘机的作业和行走场地应平整坚实。(　　)(判断题)

(四) 新型桩工机械液压静力压桩机具有非常独特的无公害桩基础施工法，尤其适合在城市内部施工。掌握液压静力压桩机的使用特点，熟悉其安全操作的有关规定，并了解它们常见故障的排除，将对液压静力压桩机械的合理使用、安全操作、提高机械施工效率有着十分重要的意义。请根据背景资料，回答下列问题：

16. YZY-600 型静压桩机的最大压入力是(　　)。(单选题)

A. 60t　　B. 6000kN　　C. 6000kg　　D. 6000N

17. 多节桩施工时，接桩面应距地面(　　)以上便于操作。(单选题)

A. 500mm　　B. 800mm　　C. 1000mm　　D. 1500mm

18. 静力压桩机的“液压系统噪声太大”故障原因有(　　)。(多选题)

A. 油内混入空气　　B. 油压太高
C. 油管或其他元件松动　　D. 溢流阀卸载压力不稳定
E. 密封件损坏

19. 液压静力压桩机适合在湿陷性黄土、粉质黏土、河层等地质状况的地方使用。(　　)(判断题)

20. 液压静力压桩不适合在沉积地质层，填土层等地质状况的地方使用。(　　)(判断题)

(五) 工地上有一台设备需要吊装。设备运输、吊装重量 5000kg，外形尺寸(长×宽×高)为 4521×1015×2112。设备安装在二楼平台上，二楼楼面标高为 6m。工地土质为硬质黏土，建筑物四周无障碍物。请根据附表图“QY25 型液压汽车起重机性能表”，合理选择起重机工况。

QY25 型液压汽车起重机性能表(单位：t)

支腿全伸:后方和侧方作业
支腿全伸+第五支腿:360°作业

工作幅度(m)	主臂(m)					主+副臂(m)
	10.0	15.25	20.5	25.75	31.0	31.0+8.0
3.0	25					
4.0	18.9	14.5				
6.0	13.5	12.5	9.5	7.5		
8.0	8.8	8.5	7.85	7.1	5.8	
10.0		5.6	6.0	5.6	4.85	2.5
14.0			3.2	3.2	3.2	2.05
18.0			1.6	1.85	2.05	1.7
20.0				1.3	1.6	1.5
24.0					0.85	1.0
28.0					0.4	0.5
32.0						0.3

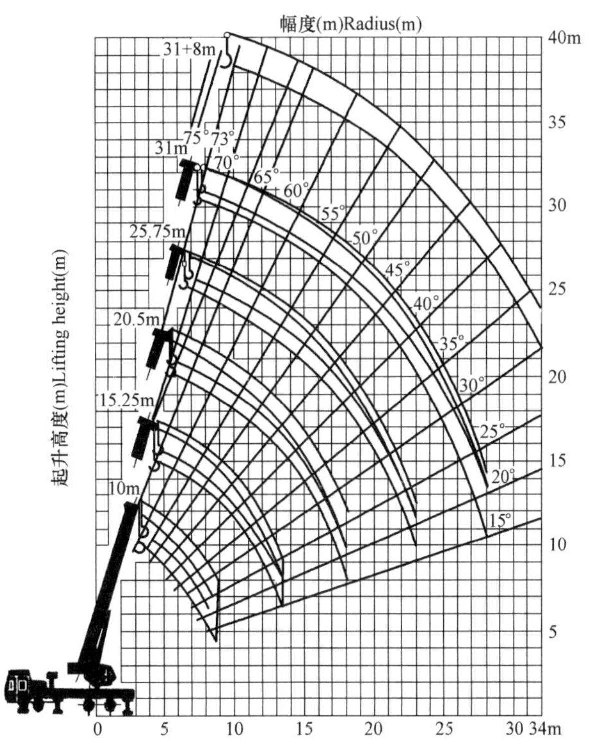

21. 取动载荷系数为 1.1，千斤绳及卸克等起重机具重量为 100kg，吊装设备的计算总重量为（　　）。(单选题)

A. 5610kg　　B. 5000kg　　C. 5500kg　　D. 5100kg

22. 根据液压汽车起重机性能表，合理选择起重性能（　　）。(单选题)

A. 工作幅度 8m，主臂长度 15.25m　　B. 工作幅度 10m，主臂长度 15.25m

C. 工作幅度 14m，主臂长度 25.75m　　D. 工作幅度 3m，主臂长度 10m

23. 起重机使用时，应合理选择（　　）。(多选题)

A. 起重机臂长　　B. 工作幅度（回转半径）

C. 起重量　　D. 车身长度

E. 支腿形式

24. 费用最低，维修方便是本工程优选液压汽车起重机的原因。（　　）(判断题)

25. 本工程优选液压起重机的原因是：费用最低、维修方便。（　　）(判断题)

(六) 塔式起重机在工业与民用建筑施工中，是完成建筑构件及各种建筑材料与机具等吊装工作的重要设备。了解塔机的分类、主要技术性能与使用特点，对塔机的合理选择与使用有着十分重要的作用。试问：

26. 起重量为 30～150kN 的塔式起重机适用于（　　）。(单选题)

A. 六层以下民用建筑施工　　B. 一般工业建筑与高层民用建筑施工

C. 重工业厂房的施工和高炉等设备的吊装　　D. 各种高度和跨度的工业建筑和民用建筑

27. 塔式起重机按装置特性分为附墙式、内爬式和（　　）。(单选题)

A. 外爬式　　B. 履带式

C. 轨道式　　D. 固定式

28. 塔式起重机按其变幅方式可分为（　　）等多种形式。（多选题）

A. 上回转　　B. 水平臂架小车变幅

C. 下回转　　D. 动臂变幅

E. 轨道式

29. 上回转自升塔式起重机都可改成附着式塔式起重机。（　　）（判断题）

30. 塔式起重机的起重力矩＝起重量×工作幅度（kN·m或t·m）。（　　）（判断题）。

（七）流动式起重机是广泛应用于各领域的一种起重设备，了解其分类、使用特点、主要技术性能，对起重机的合理选择与使用有着十分重要的作用。试问：

31. 起重量是指起重吊钩上所悬挂的（　　）。（单选题）

A. 索具重量　　B. 重物重量

C. 索具与重物的重量之和　　D. 吊臂与重物的重量之和

32. 采用双机抬吊作业时，应选用起重机性能相似的起重机进行。抬吊时应统一指挥，动作协调，载荷应分配合理，单机的起吊载荷不得超过允许载荷的（　　）%。（单选题）

A. 75　　B. 80　　C. 90　　D. 95

33. 履带起重机的优势为（　　）。（多选题）

A. 对地面的承载要求较低，可在土质施工现场、甚至农田内使用

B. 可带载行走，使用方便

C. 在公路上直接行驶

D. 行驶速度较低

E. 长距离转场作业时必须进行拆卸、组装工作

34. 起重机的主要技术参数有起重力矩、起重量、工作幅度、起升高度等。（　　）（判断题）

35. 轨距是塔式起重机的主要技术参数之一。（　　）（判断题）

（八）施工升降机又称建筑施工电梯，它是高层建筑施工中主要的垂直运输设备。了解施工升降机使用特点和使用要求，对升降机的合理使用和安全操作有着十分重要的作用。试问：

36. 升降机在使用中每隔（　　）个月，应进行一次坠落试验。（单选题）

A. 1　　B. 3　　C. 6　　D. 12

37. 施工升降机地基应浇制混凝土基础，其承载能力应大于（　　）kPa，地基上表面平整度允许偏差为10mm，并应有排水设施。（单选题）

A. 100　　B. 150　　C. 200　　D. 250

38. 施工升降机的专用开关箱必须设置（　　）等装置。（多选题）

A. 短路　　B. 过载　　C. 相位　　D. 断相

E. 零位保护

39. 升降机运行到最上层或最下层时，可用行程限位开关作为停止运行的控制。（　　）（判断题）

40. 升降机在复班首次载重运行时，当梯笼升离地面2.5m时，应停机试验制动器的可靠性；当发现制动效果不良时，应调整或修复后方可运行。（　　）（判断题）

三、参考答案

第1章 参考答案

(一) 单项选择题

1. B; 2. A; 3. A; 4. A; 5. A; 6. B; 7. D; 8. C; 9. A; 10. A; 11. A; 12. A; 13. A; 14. A; 15. A; 16. B; 17. A; 18. A; 19. A; 20. C; 21. C; 22. B; 23. A; 24. C; 25. A; 26. C; 27. A; 28. A; 29. B; 30. A; 31. A; 32. C; 33. A; 34. C; 35. A; 36. B; 37. A; 38. D; 39. D; 40. D; 41. A; 42. A; 43. D; 44. A; 45. A; 46. A; 47. A; 48. D; 49. A; 50. C; 51. A; 52. B; 53. B; 54. D; 55. C; 56. A; 57. D; 58. B; 59. D; 60. A

(二) 多项选择题

1. BC; 2. AB; 3. AB; 4. AB; 5. ABC; 6. ABCD; 7. ABCD; 8. ABCE; 9. ABCD; 10. AC; 11. ABCD; 12. ABC; 13. ABCD; 14. ABCD; 15. ABC; 16. ABCD; 17. ABC; 18. ABCD; 19. ABC; 20. ABCD; 21. ABCD; 22. ABCE; 23. ABCD; 24. ABD

(三) 判断题

1. A; 2. A; 3. B; 4. B; 5. B; 6. A; 7. A; 8. A; 9. A; 10. A; 11. A; 12. B; 13. A; 14. A; 15. A; 16. B; 17. A; 18. B; 19. A; 20. A; 21. A; 22. A; 23. B; 24. A; 25. B; 26. A; 27. A; 28. B; 29. A; 30. B; 31. A; 32. A; 33. B; 34. A; 35. A; 36. A

(四) 综合(计算)题

1. D; 2. D; 3. BD; 4. B; 5. A

第2章 参考答案

(一) 单项选择题

1. D; 2. A; 3. B; 4. D; 5. A; 6. C; 7. A; 8. A; 9. C; 10. A; 11. A; 12. B; 13. A; 14. A; 15. D; 16. A; 17. C; 18. A; 19. A; 20. D; 21. B; 22. A; 23. C;

24. A；25. D；26. D；27. B；28. B；29. A；30. B；31. A；32. B；33. D；34. D；35. B；36. B；37. D；38. C；39. A；40. C；41. A；42. B

（二）多项选择题

1. ABCD；2. ABC；3. ACE；4. ABC；5. ABCD；6. ABCD；7. ABCD；8. ABCD；9. ABCE；10. ABCD；11. BDE；12. CDE；13. ABCE；14. ABC；15. ACD；16. BCD；17. BCE；18. BCDE；19. BCD；20. ACDE；21. ABC；22. ABDE

（三）判断题

1. A；2. B；3. B；4. B；5. B；6. A；7. A；8. B；9. B；10. A；11. A；12. A；13. A；14. A；15. B；16. A；17. B

（四）案例题

1. D；2. D；3. ABCD；4. B；5. A

第3章　参考答案

（一）单项选择题

1. A；2. A；3. B；4. B；5. A；6. C；7. B；8. D；9. A；10. D；11. A；12. A；13. C；14. B；15. A；16. C；17. D；18. C；19. B；20. B；21. B；22. D；23. D；24. C；25. B；26. A；27. B；28. A；29. C；30. A；31. A；32. A；33. B

（二）多项选择题

1. AE；2. BCD；3. ABC；4. ABC；5. ACDE；6. BCDE；7. AB；8. ABCD；9. ABCD；10. ABCD；11. AC；12. ABC；13. ABE

（三）判断题

1. B；2. B；3. B；4. A；5. B；6. B；7. A；8. A；9. B；10. A；11. B；12. A；13. A；14. B；15. A；16. A；17. B；18. A；19. B；20. A

（四）计算题或案例分析题

1. D；2. D；3. ACD；4. A；5. A

第4章　参考答案

（一）单项选择题

1. B；2. C；3. C；4. A；5. A；6. D；7. A；8. A；9. B；10. C；11. C；12. B；

13. A；14. C；15. D；16. A；17. A；18. B；19. C；20. B；21. B；22. D

（二）多项选择题

1. ABCE；2. ACDE；3. ADE；4. ADE；5. ABCD；6. ACDE；7. ABCD；8. ABDE；9. ACE；10. ADE；11. ABCE；12. ACDE；13. CDE；14. ABCD；15. ABCD；16. BCDE；17. ABC；18. ABDE；19. ABCE；20. CDE；21. AB

（三）判断题

1. A；2. B；3. A；4. B；5. A；6. A；7. A；8. A；9. A；10. B；11. A；12. B；13. A；14. B

（四）计算题或案例分析题

1. A；2. A；3. AB；4. B；5. A

第5章　参考答案

（一）单项选择题

1. A；2. A；3. A；4. A；5. A；6. A；7. B；8. A；9. C；10. A；11. A；12. A；13. A；14. A；15. A；16. A；17. A；18. A；19. A；20. A；21. A；22. A；23. A；24. A；25. A；26. D；27. D；28. D；29. A；30. A；31. D；32. D

（二）多项选择题

1. ABC；2. ABCD；3. BCD；4. ABCD；5. ABCD；6. ABCE；7. BCDE；8. ACDE；9. ABC；10. ABCD；11. AB；12. ABC；13. ACD ；14. ACDE；15. ABCD

（三）判断题

1. B；2. A；3. A；4. A；5. A；6. A；7. A；8. A；9. A；10. A；11. A；12. A；13. A；14. A；15. A；16. A；17. A；18. A；19. A；20. A

（四）案例题

1. B；2. D；3. ABCD；4. B；5. A

第6章　参考答案

（一）单项选择题

1. A；2. A；3. A；4. A；5. A；6. D；7. A；8. A；9. A；10. A；11. D；12. D；13. D；14. A；15. C；16. A；17. A；18. B；19. D；20. A；21. C；22. A；23. A；

24. D；25. A；26. A；27. A；28. A

（二）多项选择题

1. AB；2. AB；3. ABC；4. ABCD；5. ABCE；6. ACE；7. ABC；8. ACE；9. AB；10. ABC；11. AB；12. ABE；13. ABCD；14. ABCD

（三）判断题

1. B；2. B；3. A；4. A；5. B；6. A；7. A；8. B；9. A；10. A；11. B；12. A；13. A；14. A；15. A

（四）计算题或案例分析题

1. A；2. C；3. ABDE；4. A；5. A

第7章　参考答案

（一）单项选择题

1. C；2. C；3. A；4. C；5. A；6. D；7. B；8. A；9. D

（二）多项选择题

1. ABDE；2. BCD；3. BCD；4. ABCE；5. ABCD；6. ABCE；7. ACD；8. ABD；9. ABCE；10. ACD；11. ABDE；12. ABCE；13. ABC；14. ABD；15. DE；16. ABCD；17. ABDE；18. ABCE；19. ACE；20. ABDE

（三）判断题

1. B；2. A；3. B；4. B；5. A；6. B；7. A；8. B；9. A；10. A；11. B；12. A

（四）计算题或案例分析题

1. D；2. B；3. ABE；4. A；5. B

第8章　参考答案

（一）单项选择题

1. A；2. D；3. B；4. D；5. C；6. A；7. D；8. C；9. C；10. B；11. B；12. C；13. D；14. B；15. A；16. B；17. C；18. D；19. C；20. A；21. C；22. C；23. A；24. B；25. B；26. A；27. B；28. B；29. C；30. A；31. A；32. B；33. A；34. A；35. B；36. D；37. C；38. D；39. A；40. C；41. A；42. D；43. C；44. A；45. D；46. B；47. A；48. A；49. B；50. D

（二）多项选择题

1. BCD；2. ABCD；3. AC；4. ADE；5. ABC；6. CDE；7. AD；8. CE；9. BDE；10. ABC；11. BCE；12. AB；13. BC；14. ABCE；15. ACE；16. ACD；17. AC；18. ABCD；19. ACD；20. ABDE；21. ACDE；22. ABCE；23. ABC；24. ACE；25. ABC；26. BCD；27. ABE；28. ABD；29. ABDE；30. ABCD；31. ABCE

（三）判断题

1. B；2. A；3. A；4. B；5. A；6. A；7. B；8. A；9. A；10. B；11. B；12. B；13. A；14. A；15. A；16. B；17. B；18. B；19. B

（四）计算题或案例分析题

1. A；2. A；3. BCD；4. B；5. A；6. A；7. A；8. ABCD；9. A；10. A；11. D；12. A；13. AC；14. A；15. B

第9章 参考答案

（一）单项选择题

1. C；2. C；3. B；4. A；5. A；6. C；7. D；8. B；9. D；10. A；11. B；12. B；13. D；14. D；15. B；16. B；17. D；18. C；19. A；20. B；21. C；22. B；23. B；24. A；25. B；26. B；27. A；28. B；29. A；30. C；31. A；32. C；33. A；34. B；35. D；36. C；37. B；38. A；39. D；40. B；41. A；42. B；43. C；44. D；45. B；46. C；47. A；48. B；49. C；50. A；51. B；52. C；53. D；54. A；55. B；56. B；57. B；58. C；59. A；60. D；61. B；62. B；63. A；64. B；65. C；66. C；67. C；68. A；69. D；70. A；71. D；72. B；73. A；74. B；75. C；76. A；77. C；78. D；79. A；80. B；81. C；82. D；83. B；84. B；85. A；86. D；87. B；88. C；89. D；90. C；91. C；92. D；93. B；94. D；95. B；96. A

（二）多项选择题

1. ABDE；2. ABC；3. ABDE；4. ABCE；5. ABDE；6. CDE；7. ABCE；8. ABCE；9. ACE；10. ADE；11. CDE；12. ABCE；13. ACDE；14. CDE；15. BCE；16. BCDE；17. ABCE；18. ABDE；19. ABDE；20. ABCE；21. ACDE；22. ACE；23. BCD；24. ACDE；25. ABCE；26. CDE；27. ABDE；28. ACDE；29. ABCD；30. ABDE；31. BCDE；32. ABCD；33. BCE；34. ABCE；35. ABCD；36. ABCE；37. ABDE；38. BCE；39. ACE；40. ABDE

（三）判断题

1. A；2. B；3. B；4. A；5. A；6. A；7. A；8. A；9. B；10. A；11. B；12. A；

13. B；14. A；15. B；16. A；17. B；18. A；19. A；20. A；21. B；22. B；23. B；24. B；25. A；26. A

（四）计算题或案例分析题

1. D；2. B；3. BDE；4. A；5. A；6. C；7. B；8. BE；9. A；10. A；11. A；12. D；13. BCDE；14. B；15. A；16. B；17. C；18. ACD；19. A；20. B；21. A；22. A；23. ABC；24. B；25. B；26. B；27. C；28. BD；29. A；30. A；31. C；32. B；33. AB；34. A；35. A；36. B；37. B；38. ABDE；39. B；40. B

第二部分

专业管理实务

一、考 试 大 纲

第 1 章　机械管理相关的管理规定和标准

1.1　建筑施工机械安全监督管理的有关规定

（1）熟悉特种机械设备租赁、使用的管理规定
（2）熟悉特种机械设备操作人员的管理规定
（3）熟悉建筑施工机械设备强制性标准的管理规定

1.2　建筑施工机械安全技术规程、规范

（1）熟悉塔式起重机的安装、使用和拆卸的安全技术规程要求
（2）熟悉施工升降机的安装、使用和拆卸的安全技术规程要求
（3）熟悉建筑机械使用安全技术规程要求
（4）熟悉施工现场机械设备检查技术规程要求
（5）熟悉施工现场临时用电安全技术规范要求

第 2 章　施工机械设备的购置、租赁

2.1　施工项目机械设备的配置

（1）熟悉施工项目机械设备选配的依据和原则
（2）熟悉施工项目机械设备配置的技术经济分析

2.2　施工机械设备的购置与租赁

（1）熟悉购置、租赁施工机械设备的基本程序
（2）熟悉机械设备购置、租赁合同的注意事项
（3）熟悉购置、租赁施工机械设备的技术试验内容、程序和要求

第 3 章　施工机械设备安全运行、维护保养的基本知识

3.1　施工机械设备安全运行管理

（1）掌握施工机械设备安全运行管理体系的构成

(2) 掌握施工机械设备使用运行中的控制重点
(3) 掌握施工机械设备安全检查评价方法

3.2 施工机械设备的维护保养

(1) 掌握施工机械设备的损坏规律
(2) 掌握一般机械设备的维护保养要求

3.3 重点机械设备的维护保养要求

掌握重点机械维护保养要求

第4章 施工机械设备常见故障、事故原因和排除方法

4.1 施工机械故障、事故原因

(1) 熟悉施工机械常见故障
(2) 熟悉施工机械事故原因

4.2 施工机械故障的排除方法

(1) 熟悉施工机械故障零件修理法
(2) 熟悉施工机械故障替代修理法
(3) 熟悉施工机械故障零件弃置法

第5章 施工机械设备的成本核算方法

(1) 掌握施工机械设备成本核算的原则和程序
(2) 掌握施工机械设备成本核算的主要指标
(3) 掌握施工机械的单机核算内容与方法

第6章 施工临时用电安全技术规范和机械设备用电知识

6.1 临时用电管理

(1) 掌握施工临时用电组织设计
(2) 掌握安全用电基本知识

6.2 设备安全用电

(1) 掌握配电箱、开关箱和照明线路的使用要求
(2) 掌握保护接零和保护接地的区别
(3) 掌握漏电保护器的使用要求
(4) 掌握行程开关（限位开关）的使用要求

第 7 章　施工机械设备管理计划

（1）熟悉编制施工机械设备常规维修保养计划
（2）熟悉编制施工机械设备常规安全检查计划

第 8 章　施工机械设备的选型和配置

（1）熟悉施工方案及工程量选配机械设备
（2）熟悉根据施工机械使用成本合理优化机械设备

第 9 章　特种设备安装、拆卸工作的安全监督检查

（1）熟悉对特种机械的安装、拆卸作业进行安全监督检查
（2）熟悉对特种机械的有关资料进行符合性查验

第 10 章　特种设备安全技术交底

（1）熟悉编制特种设备安全技术交底文件
（2）熟悉进行特种设备安全技术交底

第 11 章　机械设备操作人员的安全教育培训

（1）熟悉编制现场机械设备操作人员安全教育培训计划
（2）熟悉组织机械设备操作人员进行安全教育培训

第 12 章　对特种设备运行状况进行安全评价

（1）掌握根据特种设备运行状况、运行记录进行安全评价
（2）掌握确定特种机械设备的关键部位、实施重点安全检查

第 13 章　施工机械设备的安全隐患

（1）掌握安全事故的分类
（2）掌握安全事故的处理
（3）掌握安全事故的预防

第 14 章　机械设备的统计台账

（1）掌握机械设备运行基础数据统计台账

（2）掌握机械设备能耗定额数据统计台账

第15章　施工机械设备成本核算

（1）掌握大型机械的使用费单机核算
（2）掌握中小型机械的使用费班组核算
（3）掌握机械设备的维修保养费核算

第16章　施工机械设备资料

（1）掌握施工机械原始证明文件资料
（2）掌握施工机械安全技术验收资料
（3）掌握施工机械常规安全检查记录文件

二、习　　题

第1章　机械管理相关的管理规定和标准

一、单项选择题

1. 下列机械中，属于特种设备的是（　　）。

A. 路面机械　　B. 装载机械　　C. 起重机械　　D. 运输机械

2. 为规范管理特种设备，国家出台了（　　）。

A.《中华人民共和国特种设备安全法》　　B.《产品质量法》

C.《标准化法》　　D.《安全生产法》

3. 为规范管理特种设备，国家出台了（　　）。

A.《特种设备安全监察条例》　　B.《安全生产许可证条例》

C.《标准化法实施条例》　　D.《建设工程安全生产管理条例》

4. 中华人民共和国特种设备安装规定，（　　）用起重机械的安装、使用的监督管理，由有关部门依照《中华人民共和国特种设备安全法》和其他有关法律的规定实施。

A. 房屋建筑工地、市政工程工地　　B. 水利工程工地、电力工程工地

C. 化工工程工地、石化工程工地　　D. 石油工程工地、石化工程工地

5. 中华人民共和国特种设备安全法规定，（　　）用场（厂）内专用机动车辆的安装、使用的监督管理，由有关部门依照《中华人民共和国特种设备安全法》和其他有关法律的规定实施。

A. 房屋建筑工地、市政工程工地　　B. 水利工程工地、电力工程工地

C. 化工工程工地、石化工程工地　　D. 石油工程工地、石化工程工地

6. 房屋建筑工地和市政工程工地用起重机械安装、使用的监督管理，由（　　）实施。

A. 建设行政主管部门　　B. 住建部

C. 住建厅　　D. 质量技术监督部门

7. 应对房屋建筑工地和市政工程工地用起重机械除安装、使用以外的其他环节，依据条例实施安全监察的部门是（　　）。

A. 国家质检总局和地方质监部门　　B. 国家质检总局

C. 住建厅　　D. 地方质监部门

8. 对于（　　），国家质检总局和地方质监部门应当按照条例的规定，对其生产、使用、检验检测以及事故调查处理等实施安全监察。

A. 同时用于房屋建筑工地和市政工程工地内外的起重机械

B. 用于房屋建筑工地和市政工程工地内的起重机械

C. 用于房屋建筑工地和市政工程工地外的起重机械

D. 起重机械

9. 2014 年（　　）修编了《特种设备名录》，明确规定了特种设备的种类、类别、品种。

A. 住建部　　B. 经贸委

C. 国家质量监督检验检疫总局　　D. 国务院

10. 建筑起重机械（　　）。

A. 是施工机械中的一类　　B. 不是施工机械中的一类

C. 不属于施工机械　　D. 是特殊的施工机械

11. 建筑起重机械的资产管理方法与其他施工机械（　　）。

A. 相同　　B. 不同　　C. 相似　　D. 相近

12. 出租的机械设备和配件，应当按照（　　）的要求配备齐全有效的保险、限位等安全设施和装置。

A. 安全施工　　B. 特种设备　　C. 施工工艺　　D. 总包单位

13. 禁止出租（　　）不合格的机械设备和施工机具及配件。

A. 安全检测　　B. 质量检测　　C. 性能检测　　D. 功能检测

14.《建筑起重机械安全监督管理规定》第六条规定：出租单位应当在签订的建筑起重机械租赁合同中，明确租赁双方的（　　）。

A. 安全责任　　B. 质量责任　　C. 双方义务　　D. 违约责任

15. 下列哪一种建筑起重机械，不得出租、使用（　　）。

A. 国家明令淘汰或者禁止使用　　B. 国家建议淘汰

C. 国家明令淘汰　　D. 国家明令禁止使用

16. 下列哪一种建筑起重机械，不得出租、使用（　　）。

A. 超过安全技术标准或者制造厂家规定的使用年限

B. 安全技术标准基本符合

C. 超过制造厂家规定的保修期限

D. 使用年久陈旧

17. 特种设备生产、使用单位的（　　）应当对本单位特种设备的安全和节能全面负责。

A. 设备管理部门负责人　　B. 安全管理部门负责人

C. 机械员　　D. 主要负责人

18. 根据《建筑起重机械安全监督管理规定》：出租单位在建筑起重机械首次出租前，自购建筑起重机械的使用单位在建筑起重机械首次安装前，应当持有关证明到本单位工商注册所在地县级以上地方人民政府建设主管部门办理（　　）。

A. 审查　　B. 登记　　C. 批准　　D. 备案

19. 根据《建筑起重机械安全监督管理规定》，下列哪一种不属于出租单位或自购使用单位应当报废的机械种类（　　）。

A. 国家明令淘汰或者禁止使用的　　B. 没有完整安全技术档案的

C. 超过安全技术标准的　　D. 超过制造厂家规定的使用年限的

20. 施工企业和责任人如果违反《建筑起重机械安全监督管理规定》，造成事故应承担（　　）。

A. 法律责任　　B. 刑事责任　　C. 行政责任　　D. 罚款

21. 施工单位采购、租赁的安全防护用具、机械设备、施工机具及配件，应当具有生产（制造）许可证、产品合格证，并在（　　）。

A. 进入施工现场前进行查验　　B. 进入施工现场后进行查验

C. 使用前进行查验　　D. 入库前进行查验

22. 起重机械的登记标志应当（　　）。

A. 置于或者附着于该设备的显著位置　　B. 挂在该设备上

C. 妥善保存　　D. 存入档案

23. 建筑起重机械经（　　）方可投入使用。

A. 验收合格后　　B. 试吊后　　C. 使用验证后　　D. 空载试验合格后

24. 实行施工总承包的，起重机械由（　　）单位组织验收。

A. 施工总承包　　B. 使用　　C. 出租　　D. 监理

25. 建筑起重机械在验收前应当经（　　）检验合格。

A. 有相应资质的检验检测机构　　B. 检验检测机构

C. 质量技术监督部门　　D. 监理单位

26. 使用单位应制定建筑起重机械（　　）。

A. 生产安全事故应急救援预案　　B. 使用方案

C. 维修方案　　D. 生产安全方案

27. 使用单位应在建筑起重机械活动范围内设置明显的（　　）。

A. 安全警示标志　　B. 安全标志　　C. 安全区　　D. 安全围挡

28. 施工总承包单位应指定（　　）监督检查建筑起重机械安装、拆卸、使用情况。

A. 专职安全生产管理人员　　B. 技术负责人

C. 机械员　　D. 施工员

29. 施工现场有多台塔式起重机作业时，应当制定并实施（　　）。

A. 防止塔式起重机相互碰撞的安全措施　　B. 塔式起重机相互协作措施

C. 安全措施　　D. 操作方案

30. 建筑起重机械特种作业人员在作业中（　　）违章指挥和强令冒险作业。

A. 有权拒绝　　B. 可以拒绝　　C. 不得拒绝　　D. 可以制止

31. 建筑起重机械安装拆卸工应取得（　　）后，方可上岗作业。

A. 特种作业操作资格证书　　B. 操作资格证书

C. 上岗证书　　D. 安全证

32. 负责组织实施建筑施工企业特种作业人员的考核的部门是（　　）。

A. 建设主管部门　　B. 住建部

C. 安全协会　　D. 质量技术监督部门

33. 起重机械设备的使用单位应当在起重机械设备安装验收合格之日起（　　）日内，到建设工程所在地设区的市建设行政主管部门进行起重机械设备登记。

A. 30　　B. 45　　C. 50　　D. 55

34. 建筑施工特种作业包括（　　）等工种。

A. 建筑起重机械安装拆卸工　　B. 起重机械维修工

C. 机械安装拆卸工　　　　　　　　D. 钳工

35. 申请从事建筑施工特种作业的人员，应当具备的条件是（　　）。

A. 年满 18 周岁且符合相关工种规定的年龄要求

B. 年满 20 周岁且符合相关工种规定的年龄要求

C. 年满 21 周岁且符合相关工种规定的年龄要求

D. 年满 24 周岁且符合相关工种规定的年龄要求

36. 申请从事建筑施工特种作业的人员，应当具备的最低学历是（　　）。

A. 初中　　B. 高中　　C. 中专　　D. 中技

37. 从事特种作业的人员要求必须是（　　）。

A. 持有资格证书的人员，受聘于建筑施工企业或者建筑起重机械出租单位

B. 持有资格证书的人员，无受聘要求

C. 持有资格证书的人员，受聘于建设单位

D. 持有资格证书的人员，受聘于任何单位

38. 用人单位对于首次取得资格证书的人员，应当（　　）。

A. 在其正式上岗前安排不少于 3 个月的实习操作

B. 在其正式上岗前安排不少于 2 个月的实习操作

C. 在其正式上岗前安排不少于 1 个月的实习操作

D. 在其正式上岗前安排集中训练

39. 建筑施工特种作业人员应当参加年度安全教育培训或者继续教育，（　　）。

A. 每年不得少于 24 小时　　B. 每年不得少于 48 小时

C. 每年不得少于 12 小时　　D. 每年不得少于 36 小时

40. 建筑施工特种作业人员变动工作单位，规定（　　）。

A. 任何单位和个人不得以任何理由非法扣押其资格证书

B. 任何单位不得以任何理由非法扣押其资格证书

C. 任何个人不得以任何理由非法扣押其资格证书

D. 使用单位有合理理由时，可以扣押其资格证书

41.《建筑起重机械安全监督管理规定》规定：使用单位应（　　）。

A. 设置相应的设备管理机构或者配备专职的设备管理人员

B. 设置相应的设备管理机构或者配备兼职设备管理人员

C. 配备设备管理人员即可

D. 配备机械员配合安全员工作

42. 国家标准分为（　　）。

A. 强制性标准和推荐性标准　　B. 强制性标准和一般性标准

C. 一般性标准和特殊性标准　　D. 特种标准和推荐性标准

43. 塔式起重机安装、拆卸单位必须具有（　　）。

A. 从事塔式起重机安装、拆卸业务的资质　　B. 总承包资质

C. 专业承包资质　　D. 劳务资质

44. 塔式起重机安装、拆卸单位应具备（　　）。

A. 安全管理保证体系　　B. 质量管理保证体系

C. 应急管理保证体系　　D. 环境管理体系

45. 塔式起重机在安装前和使用过程中，发现（　　）的，不得安装和使用。

A. 安全装置不齐全或失效　　B. 钢丝绳表面锈蚀

C. 受力构件存在一定变形　　D. 连接件存在磨损

46. 实行施工总承包的，（　　）应与安装单位签订施工升降机安装、拆卸工程安全协议书。

A. 施工总承包单位　　B. 使用单位

C. 建设单位　　D. 出租单位

47. 当施工升降机安装、拆卸过程中专项施工方案发生变更时，应（　　）。

A. 按程序重新对方案进行审批　　B. 按程序重新对方案进行修改

C. 按程序重新对方案进行完善　　D. 按程序重新编制方案

48. 施工升降机安装作业时必须（　　）。

A. 将按钮盒或操作盒移至吊笼顶部操作　　B. 专人操作按钮盒

C. 将按钮盒或操作盒放在吊笼内部操作　　D. 将按钮盒或操作盒移至吊笼底部操作

49. 施工升降机（　　）。

A. 严禁使用超过有效标定期的防坠安全器

B. 可以使用超过有效标定期的防坠安全器

C. 严禁使用渐进式防坠安全器

D. 严禁使用接近有效标定期的防坠安全器

50. 施工升降机（　　）。

A. 严禁用行程限位开关作为停止运行的控制开关

B. 可以用行程限位开关作为停止运行的控制开关

C. 特殊情况下，可以用行程限位开关作为控制开关

D. 可以用行程限位开关作为控制开关

51. 在风速达到（　　）时，严禁进行建筑起重机械的安装拆卸作业。

A. 9m/s　　B. 10m/s　　C. 15m/s　　D. 6m/s

52. 桅杆式起重机专项方案必须（　　）。

A. 按规定程序审批，并应经专家论证后实施

B. 按规定程序审批后实施

C. 经专家论证后实施

D. 出租单位审批，并应经专家论证后实施

53. 用电设备的保护地线或保护零线应（　　）。

A. 并联接地　　B. 串联接地

C. 串联接零　　D. 并、串联混合接地

54. 严禁用同一个开关箱（　　）。

A. 直接控制 2 台及 2 台以上用电设备（含插座）

B. 直接控制 3 台用电设备（含插座）

C. 直接控制 4 台用电设备（含插座）

D. 直接控制 5 台用电设备

55. 开关箱中必须安装（　　）。

A. 漏电保护器　　B. 控制开关　　C. 熔断器　　D. 插座

56. 动臂式和尚未附着的自升式塔式起重机，塔身上（　　）悬挂标语牌。
A. 不得　　B. 可以　　C. 视情况　　D. 必须
57. 建筑施工现场临时用电工程采用（　　）配电系统。
A. 三级　　B. 二级　　C. 一级　　D. 四级
58. 建筑施工现场临时用电工程采用（　　）漏电保护系统。
A. 三级　　B. 二级　　C. 一级　　D. 四级
59. 临时用电工程必须经（　　），合格后方可投入使用。
A. 编制单位验收
B. 审核单位验收
C. 批准部门和使用单位共同验收
D. 编制、审核、批准部门和使用单位共同验收
60. 配电柜应装设（　　）。
A. 电源隔离开关或短路、过载、漏电保护电器
B. 短路、过载、漏电保护电器
C. 电源隔离开关
D. 电源隔离开关及短路、过载、漏电保护电器
61. 三相四线制配电的电缆线路必须采用（　　）。
A. 多芯电缆　　B. 三芯电缆　　C. 四芯电缆　　D. 五芯电缆
62. 临时用电电缆线路应采用（　　）。
A. 埋地或架空敷设，或沿地面明设　　B. 沿脚手架明设
C. 沿地面明设　　D. 埋地或架空敷设，严禁沿地面明设

二、多项选择题

1. 涉及生命安全、危险性较大的（　　）称为特种设备。
A. 电梯　　B. 起重机械
C. 客运索道　　D. 场（厂）内专用机动车辆
E. 专用运输车辆
2. 特种设备是指（　　）的设备。
A. 涉及生命安全　　B. 危险性较大
C. 载重量大　　D. 体积巨大
E. 专业制造
3. 为规范管理特种设备，国家出台了（　　）。
A.《中华人民共和国特种设备安全法》B.《特种设备安全监察条例》
C.《标准化法》　　D.《标准化法实施条例》
E.《安全生产法》
4.《中华人民共和国特种设备安全法》规定，特种设备管理涵盖特种设备的（　　）。
A. 生产　　B. 经营　　C. 使用　　D. 检验　　E. 运输
5. 法律规定，（　　）用起重机械和场（厂）内专用机动车辆的安装、使用的监督管理，由有关部门依照《中华人民共和国特种设备安全法》和其他有关法律的规定实施。
A. 房屋建筑工地　　B. 市政工程工地

C. 化工工程工地 D. 水利工程工地

E. 电力工程工地

6. 房屋建筑工地、市政工程工地用起重机械和场（厂）内专用机动车辆的（　　）的监督管理，由有关部门依照《中华人民共和国特种设备安全法》和其他有关法律的规定实施。

A. 安装 B. 使用 C. 生产 D. 销售 E. 制造

7. 国家质检总局和地方质监部门应对房屋建筑工地和市政工程工地用起重机械（　　）环节实施安全监察。

A. 设计、制造的安全监督管理 B. 检验检测机构的核准

C. 事故调查和处理 D. 安装

E. 使用

8. 建筑起重机械，是指（　　）的起重机械。

A. 纳入特种设备名录 B. 在房屋建筑工地安装、拆卸、使用

C. 在市政工程工地安装、拆卸、使用 D. 纳入起重机名录

E. 纳入建筑机械名录

9. 按照特种设备名录分类，常见的建筑起重机械包括（　　）。

A. 通用门式起重机 B. 普通塔式起重机

C. 施工升降机 D. 简易升降机

E. 汽车起重机

10. 建筑起重机械的（　　）管理必须执行《建筑起重机械安全监督管理规定》。

A. 租赁 B. 安装 C. 拆卸 D. 使用 E. 制造

11. 出租的机械设备和施工机具及配件，应当具有（　　）。

A. 生产（制造）许可证 B. 产品合格证

C. 说明 D. 台账

E. 质量证明书

12. 出租单位应当（　　）。

A. 对出租的机械设备和施工机具及配件的安全性能进行检测

B. 对出租的机械设备和施工机具及配件的使用性能进行检测

C. 对出租的机械设备和施工机具及配件的功能进行检测

D. 在签订租赁协议时，应当出具检测合格证明

E. 在签订租赁协议时，应当出具第三方鉴定证书

13. 特种设备出租单位出租的建筑起重机械必须具备（　　）。

A. 特种设备制造许可证 B. 产品合格证

C. 制造监督检验证明 D. 购买发票

E. 行驶证

14.《建筑起重机械安全监督管理规定》第六条规定：出租单位应当在签订的建筑起重机械租赁合同中，应出具建筑起重机械（　　）。

A. 特种设备制造许可证 B. 产品合格证

C. 制造监督检验证明 D. 企业营业执照

E. 安装使用说明书

15. 有下列（　　）情形之一的建筑起重机械，不得出租、使用。

A. 属国家明令淘汰或者禁止使用

B. 超过安全技术标准或者制造厂家规定的使用年限

C. 经检验达不到安全技术标准规定

D. 有完整安全技术档案

E. 没有齐全有效的安全保护装置

16. 常见的设备租赁形式分为（　　）。

A. 内部租赁　　B. 社会租赁

C. 融资租赁　　D. 短期租赁

E. 长期租赁

三、判断题（正确的在括号内填“A”，不正确的在括号内填“B”）

1. 所有的起重机械都属于特种设备。（　　）

2. 特种设备管理只对特种设备安全的监督管理做出了详细规定。（　　）

3. 房屋建筑工地、市政工程工地用起重机械由质量监督部门依照《中华人民共和国特种设备安全法》和其他有关法律的规定实施。（　　）

4. 建筑起重机械在遵守《中华人民共和国特种设备安全法》的同时，按照其管理的隶属关系，还要遵守管理部门法规的规定。（　　）

5. 房屋建筑工地和市政工程工地用起重机械安装、使用的监督管理，由建设部实施。（　　）

6. 对于用于房屋建筑工地和市政工程工地的起重机械，国家质检总局和地方质监部门应当按照条例的规定，对其生产、使用、检验检测以及事故调查处理等实施安全监察。（　　）

7. 建筑工地上使用的履带式起重机是建筑起重机械。（　　）

8. 为建设工程提供机械设备和配件的单位，应当按照总包的要求配备齐全有效的保险、限位等安全设施和装置。（　　）

9. 出租的机械设备和施工机具及配件，应当具有生产（制造）许可证或产品合格证。（　　）

10. 禁止出租检测不合格的特种设备，一般设备不受此限制。（　　）

11. 出租单位出租的施工机械必须“三证”齐全。（　　）

12. 出租单位要在租赁合同中明确总包方的安全责任。（　　）

13. 属国家明令淘汰的建筑起重机械，不得出租、使用。（　　）

14. 属国家禁止使用的建筑起重机械，不得出租、使用。（　　）

15. 超过安全技术标准的建筑起重机械，不得出租、使用。（　　）

16. 没有完整安全技术档案的建筑起重机械，不得出租、使用。（　　）

17. 没有齐全有效的安全保护装置的建筑起重机械，不得出租、使用。（　　）

18. 施工现场的安全防护用具必须由专人管理，定期进行检查、维修和保养，建立相应的资料档案。（　　）

19. 施工单位在使用整体提升脚手架前，应当组织有关单位进行验收，也可以委托具

有相应资质的检验检测机构进行验收。 ( )

20. 施工起重机械，在验收前应当经有相应资质的检验检测机构监督检验合格。 ( )

21. 实行施工总承包的，由使用单位和施工总承包单位联合验收。 ( )

22. 建筑起重机械检验检测机构和检验检测人员对检验检测结果、鉴定结论依法承担法律责任。 ( )

23. 使用单位在建筑起重机械租期结束后，应当将定期检查、维护和保养记录移交出租单位。 ( )

24. 建筑起重机械在使用过程中需要附着的，使用单位必须委托原安装单位实施。 ( )

25. 禁止擅自在建筑起重机械上安装非原制造厂制造的标准节和附着装置。 ( )

26. 国家标准都必须执行。 ( )

27. 塔式起重机拆卸时应先降节、后拆除附着装置。 ( )

28. 施工升降机安装单位应具备建设行政主管部门颁发的起重设备安装工程专业承包资质和建筑施工企业安全生产许可证。 ( )

29. 施工升降机的安装拆卸工、电工、司机等应具有建筑施工特种作业操作资格证书。 ( )

30. 严禁在施工升降机运行中进行保养、维修作业。 ( )

31. 开关箱中漏电保护器的额定漏电动作电流不应大于 30mA，额定漏电动作时间不应大于 0.1s。 ( )

第 2 章　施工机械设备的购置、租赁

一、单项选择题

1. 施工项目应根据（　　）的需求，合理配置机械设备。

A. 项目施工工艺　　B. 业主　　C. 监理　　D. 操作者

2. 机械的生产率，是指机械在（　　）。

A. 单位时间内能完成的工作量　　B. 1 天内能完成的工作量

C. 1 小时内能完成的工作量　　D. 1 天内能完成的土方量

3. 项目部在选择机型时，首先应考虑（　　）能否满足现场实际要求。

A. 机械的生产率　　B. 机械的先进性

C. 机械的自动化　　D. 机械的可操作性

4. （　　）是保证机械设备生产顺利进行的必要条件。

A. 安全性　　B. 先进性　　C. 自动化　　D. 可操作性

5. 施工单位应根据（　　），制定机械设备的添置计划，有目的、有步骤地进行装备更新。

A. 项目施工需要和企业发展规划　　B. 项目施工需要

C. 企业发展规划　　D. 机械设备的可操作性

6. 机械设备选型时，（　　）的机械设备应慎重选择。

A. 超越企业技术、管理水平　　B. 先进

C. 自动化高　　D. 维修要求高

7. 需要自制设备时，应充分考虑企业自己的（　　），防止粗制滥造，避免造成经济损失。

A. 加工能力、技术水平　　B. 设计水平　　C. 管理水平　　D. 维修水平

8. 无论是新购（或自制），还是对现有机械进行技术改造，都要进行充分的比较及论证，以能取得良好的（　　）为原则。

A. 经济效益　　B. 社会效益　　C. 管理经验　　D. 维修经验

9. 机械设备的节能性，一般以（　　）表示。

A. 单位产量的能耗用量　　B. 能耗用量

C. 单位的能耗用量　　D. 油耗

10. 机械设备的（　　）是形成设备生产能力的一个重要因素。

A. 成套性　　B. 节能性　　C. 安全性　　D. 环保性

11. 机械设备经济分析的主要内容是（　　）。

A. 机械寿命周期费用　　B. 机械寿命周期

C. 机械费用　　D. 购置费

12. 机械设备经济分析时，维修费是指机械设备在（　　）进行各种维修所需的费用。

A. 全寿命过程中　　B. 使用过程中　　C. 损坏时　　D. 库存过程中

13. 机械设备经济分析时，收益是指机械设备投入生产后，比较其投入和产出取得的（　　）。

A. 利润　　B. 差额　　C. 投入额　　D. 收益

14. 企业要有强而有力的购置管理制度，实行主要机械设备（　　）管理，遵循装备管理原则。

A. 统一购置　　B. 分散购置　　C. 购置标准　　D. 购置标准统一

15. 一般情况下，对必须具备的机械设备、使用频率高的机械设备、专用设备，优先采用（　　）的方式。

A. 购置　　B. 租赁　　C. 预约　　D. 协商

16. 对于价值昂贵、使用频率低、租用成本低的机械设备，优先采用（　　）的方式。

A. 购置　　B. 租赁　　C. 预约　　D. 协商

17. 不属于年度机械购置、租赁计划编制依据的是（　　）。

A. 企业近期生产任务、技术装备规划和施工机械化的发展规划

B. 企业承担的施工任务、采用的施工工艺

C. 年内机械设备的报废更新情况

D. 国家十三五计划

18. 收搜集资料，掌握有关装备情况，根据计划任务测算需求，是编制年度机械购置、租赁计划的（　　）。

A. 准备阶段　　B. 平衡阶段

C. 选择论证阶段　　　　　　　　　　D. 确定阶段

19. 编制机械购置、租赁计划草案，并会同有关部门进行核算，在充分发挥机械效能的前提下，力求施工任务与施工能力相平衡、机械费用和其他经济指标相平衡。这是编制年度机械购置、租赁计划的（　　）。

A. 准备阶段　　　　　　　　　　B. 平衡阶段

C. 选择论证阶段　　　　　　　　D. 确定阶段

20. 对机械购置、租赁计划所列的机械品种、规格、型号等要经过认真的论证，这是编制年度机械购置、租赁计划的（　　）。

A. 准备阶段　　　　　　　　　　B. 平衡阶段

C. 选择论证阶段　　　　　　　　D. 确定阶段

21. 年度机械购置、租赁计划编制后，经生产、技术、财务等部门进行会审，并经企业领导批准，必要时报企业上级主管部门审批。这是编制年度机械购置、租赁计划的（　　）。

A. 准备阶段　　　　　　　　　　B. 平衡阶段

C. 选择论证阶段　　　　　　　　D. 确定阶段

22. 因工程需要，超出年度购置计划紧急采购施工设备时，应编制（　　）。

A. 应急购置计划　　　　　　　　B. 年度机械购置计划

C. 年度机械租赁计划　　　　　　D. 设备补充购置计划

23. 应急购置计划中应说明（　　）。

A. 购置理由　　　　B. 机械名称　　　　C. 规格　　　　D. 数量

24. 应急购置计划的审批程序同（　　）。

A. 年度机械购置计划　　　　　　B. 机械租赁计划

C. 要料清单　　　　　　　　　　D. 设备台账

25. 应急购置计划是对（　　）的调整和补充。

A. 年度机械购置计划　　　　　　B. 机械租赁计划

C. 要料清单　　　　　　　　　　D. 设备台账

26. 直接从制造厂、供货商处购置，称为（　　）。

A. 直接购置　　　　　　　　　　B. 委托购置

C. 招投标采购方式　　　　　　　D. 送货上门

27. 委托专门代理机构进行采购，称为（　　）。

A. 直接购置　　　　　　　　　　B. 委托购置

C. 招投标采购方式　　　　　　　D. 送货上门

28. 通过公开或邀请招标，吸引众多供应商参与竞争，从中选取中标者的方式，称为（　　）。

A. 直接购置　　　　　　　　　　B. 委托购置

C. 招投标采购方式　　　　　　　D. 送货上门

29. 企业的所有制形式、规模、管理层次均有所不同，机械设备的购置手续是（　　）的。

A. 相同　　　　B. 不同　　　　C. 不能相同　　　　D. 可以相同

30. 在购置机械设备后，设备管理员办理（　　）。

A. 新增固定资产手续　　　　　　B. 固定资产手续

C. 新增手续　　D. 设备运行台账

31. 新购置的大型设备或特种设备应建立（　　）的档案。

A. 一机一档　　B. 维修台账

C. 新增手续　　D. 设备运行台账

32. 施工机械租赁的形式通常有（　　）。

A. 内部租赁和社会租赁　　B. 内部租赁

C. 社会租赁　　D. 委托租赁

33. 机械设备社会性租赁按其性质可分为（　　）。

A. 融资性租赁和服务性租赁　　B. 融资性租赁

C. 服务性租赁　　D. 委托租赁

34. 融资性租赁是将（　　）结合在一起的租赁业务。

A. 借钱和租物　　B. 借钱和借物

C. 服务与租赁　　D. 委托与租赁

35. 建筑施工单位可按合同规定支付租金取得对某型号机械的使用权，这种租赁方式称为（　　）。

A. 服务性租赁　　B. 融资性租赁

C. 委托租赁　　D. 融物租赁

36. 施工机械购置计划确定后，（　　）就显得十分重要。

A. 选择合格供方　　B. 产地　　C. 运输方式　　D. 防潮措施

37. 验证所采购的设备是否满足数量、规格、型号、外观质量等要求，称为（　　）。

A. 到货验收　　B. 技术试验　　C. 报验　　D. 入库检验

38. 验证所采购的设备是否满足质量要求，称为（　　）。

A. 到货验收　　B. 技术试验　　C. 报验　　D. 入库检验

二、多项选择题

1. 施工项目机械设备选配的依据有（　　）。

A. 企业需求　　B. 机械的生产率

C. 机械设备对工程质量的保证程度　　D. 机械设备的使用与维修

E. 能耗和环保性

2. 配置机械设备时，应在保证工程（　　）的前提下，加强机械化作业水平，提高施工效率。

A. 质量　　B. 进度

C. 安全　　D. 业主要求

E. 环保要求

3. 考虑机械设备的维修因素，机械设备应做到（　　）。

A. 结构尽可能的简单　　B. 易于拆装

C. 零件互换性好　　D. 零部件组合标准

E. 价格便宜

4. 在机械设备使用过程中，（　　）都是十分重要的因素。

A. 缩短检修时间

B. 降低维护保养费用

C. 提高机械的使用率

D. 零部件组合标准

E. 价格便宜

5. 购置机械设备时，应优先选择符合下列条件的机械设备（　　）。

A. 低能耗

B. 低排放

C. 高噪声

D. 高效率

E. 环保型

6. 机械设备的购置原则有（　　）。

A. 必要性与可靠性

B. 经济效益

C. 机械配套与合理化配备

D. 维护保养和配件来源

E. 环保性

7. 机械设备选型时，应综合考虑机械设备的（　　）。

A. 生产能力

B. 产品质量

C. 技术性能

D. 可靠性

E. 环保性

8. 考虑维护保养，机械设备选型时，应优先选择（　　）的设备。

A. 维修、保养简单

B. 配件优质价廉、购买方便

C. 维修水平高，维修网络健全

D. 生产能力强

E. 环保性

9. 对于（　　）的设备，购置时应慎重考虑。

A. 配件来源困难

B. 结构简单

C. 操作技术要求高

D. 企业内部缺乏维护保养的技术能力

E. 维护保养费用较高

10. 机械设备技术分析的内容有（　　）。

A. 生产性

B. 安全可靠性

C. 节能性

D. 可维修性

E. 易操作性

11. 机械设备配置经济分析的主要内容有（　　）。

A. 投资额

B. 运行费

C. 维修费

D. 收益

E. 配套费

12. 机械设备配置经济分析中，运行费可用（　　）来衡量。

A. 运行费用效率

B. 产量/运行费用

C. 单位产量运行费用率

D. 运行费用/产量

E. 配套费

13. 在购置、租赁设备，遵循（　　）的原则。

A. 先进　　B. 适用　　C. 经济　　D. 节能　　E. 配套

14. 一般情况下，对（　　），优先采用购置的方式。

A. 必须具备的机械设备

B. 使用频率高的机械设备

C. 专用设备　　　　　　　　　　　D. 价值昂贵

E. 租用成本低

15. 对于（　　）的机械设备，优先采用租赁的方式。

A. 必须具备的机械设备　　　　　　B. 使用频率高的机械设备

C. 价值昂贵　　　　　　　　　　　D. 使用频率低

E. 租用成本低

三、判断题（正确的在括号内填“A”，不正确的在括号内填“B”）

1. 施工项目应根据项目技术进步的要求，合理配置机械设备。（　　）

2. 机械的生产率，是指机械在 1 天内能完成的工作量。（　　）

3. 机械设备的先进性是保证机械设备生产顺利进行的必要条件。（　　）

4. 一般来说，机械设备的使用寿命越长，折旧费越小，项目的机械成本越低。（　　）

5. 随着施工机械的寿命延长，机械的性能有所下降，能耗增加，维修负担愈来愈重。（　　）

6. 施工单位应根据项目施工需要，制定机械设备的添置计划，有目的、有步骤地进行装备更新。（　　）

7. 施工单位在添置机械设备时，应完善设备配套，最大限度地发挥机械设备的功能。（　　）

8. 选择设备时，应充分考虑设备制造厂家的售后服务能力、维修水平以及维修站点的布置等因素。（　　）

9. 机械设备的技术经济分析是购置决策的基础。（　　）

10. 机械设备经济分析时，运行费是指在全寿命过程中为保证机械运行所投入的除维修费用以外的一切费用。（　　）

11. 机械设备经济分析时，维修费通常与运行费一起以最小费用法进行评价。（　　）

12. 机械设备经济分析时，同样投资额的利润越高，机械设备的经济效益越好。（　　）

13. 企业根据自身的发展规划、生产和经营状况制订技术装备规划和需求计划，合理选配设备。（　　）

14. 新购设备开箱和初次使用时，发现不合格等问题，必须退货。（　　）

15. 企业近期生产任务是年度机械购置、租赁计划的编制依据之一。（　　）

16. 年内机械设备的报废更新情况是年度机械购置、租赁计划的编制依据之一。（　　）

17. 施工机械租赁业的行情是年度机械购置、租赁计划的编制依据之一。（　　）

18. 机械购置、租赁资金的来源情况是年度机械购置、租赁计划的编制依据之一。（　　）

19. 应急购置计划是对年度购置计划的调整和补充。（　　）

四、计算题或案例分析题

某施工单位因生产需要，准备添置一批施工机械。根据设备选配的依据和原则，以及对设备配置的技术经济指标要求，请回答下列 1～6 问题：

1. 施工项目机械设备选配应首先考虑哪个因素（　　）。(单选题)

A. 项目需求　　B. 企业要求　　C. 业主要求　　D. 政府要求

2. 机械设备购置应首先考虑的原则是（　　）。(单选题)

A. 必要性与可靠性　　B. 设备先进性　　C. 业主要求　　D. 项目要求

3. 下列哪一项是设备配置的技术分析指标（　　）。(单选题)

A. 投资额　　B. 运行费　　C. 耐用性　　D. 成收益

4. 施工项目机械设备配置技术分析的内容有（　　）。(多选题)

A. 生产性　　B. 安全可靠性

C. 节能性　　D. 可维修性

E. 投资额

5. 在机械设备购置、租赁方式的选择上，应进行全面、综合的经济、费用比较，选择适合自己的方法。（　　）(判断题)

6. 因工程需要，超出年度购置计划紧急采购施工设备时，项目部应立即采购（　　）。(判断题)

第3章　施工机械设备安全运行、维护保养的基本知识

一、单项选择题

1. 机械使用的“三定”制度，其核心内容不包括（　　）。

A. 定期　　B. 定人　　C. 定机　　D. 定岗位责任

2. 机械设备使用管理的“三定”制度，把机械设备使用、维护、保养等各环节的具体要求都落实到（　　）。

A. 班组　　B. 具体责任人　　C. 安全主管　　D. 施工项目

3. 以下哪一项不属于对施工机械操作人员的安全技术交底内容（　　）。

A. 施工机械的正确安装（拆卸）工艺、作业程序、操作方法及注意事项

B. 施工机械的来源

C. 对安装（拆卸)、操作人员的要求

D. 安全注意事项

4. 建筑起重机械（如塔式起重机、施工升降机）的安装、拆卸，应由安装单位编制建筑起重机械安装、拆卸工程专项施工方案，并由本单位（　　）签字；施工前，必须告知工程所在地县级以上地方人民政府建设主管部门，具体执行《建筑起重机械安全监督管理规定》。

A. 项目经理　　B. 技术负责人　　C. 项目机械员　　D. 施工员

5. 物料提升机应安装上行程限位并灵敏可靠，安全越程不应小于（　　）m。

A. 0.5m　　B. 1m　　C. 5m　　D. 3m

6. 物料提升机的吊笼处于最低位置时，卷筒上钢丝绳严禁少于（　　）圈；钢丝绳应设置过路保护措施。

A. 1　　B. 2　　C. 3　　D. 4

7. 施工升降机对重钢丝绳绳数不得少于（　　）根且应相互独立。

A. 1　　B. 2　　C. 3　　D. 4

8. 塔式起重机顶部高度大于（　　）m 且高于周围建筑物时，应安装障碍指示灯。

A. 10　　B. 20　　C. 30　　D. 40

9. 电焊机一次线长度不得超过（　　）m，并应穿管保护。

A. 5　　B. 10　　C. 8　　D. 3

10. 机械保养类别不包括（　　）。

A. 初级保养　　B. 高级保养　　C. 例行保养　　D. 二级保养

11. 施工机械初级保养的目的，不包括（　　）。

A. 减少设备磨损

B. 消除隐患、延长设备使用寿命

C. 延长大修周期

D. 为完成到下次二保期间的生产任务在设备方面提供保障

12. 高级保养完成后，（　　）应详细填写检修记录。

A. 维修工人　　B. 机械员　　C. 操作工人　　D. 机长

13. 磨合期内，起重机从额定起重量（　　）开始，逐步增加载荷，且不得超过额定起重量的 80%。

A. 30%　　B. 40%　　C. 50%　　D. 60%

14. 起重吊装索具采用编结连接时，编结长度不应小于（　　）倍的绳径，且不应小于 300mm。

A. 3　　B. 5　　C. 10　　D. 15

二、多项选择题

1. 以下符合安全技术交底要求的有（　　）。

A. 安全技术交底必须执行国家各项技术标准

B. 安全技术交底应符合与实施设计图的要求，符合施工组织设计或专项方案的要求

C. 安全技术交底根据实际情况，可以通过口头或书面两种方式

D. 对不同层次的操作人员，其安全技术交底深度与详细程度都是一样的

E. 安全技术交底工作完毕后，所有参加交底的人员必须履行签字手续，班组、交底人、资料保管员三方各留执一份，并纪录存档

2. 充分发挥设备效能的主要途径有（　　）。

A. 合理选用技术装备和工艺规范，在保证产品质量的前提下，缩短生产时间，提高生产效率

B. 通过技术改造，提高设备的可靠性与维修性，减少故障停机和修理停歇时间，提高设备的可利用率

C. 加强生产计划、维修计划的综合平衡，合理组织生产与维修，提高设备利用率

D. 延长设备使用时间，做到物尽其用

E. 增加设备数量，加大投入

3. 施工机械初期使用管理的内容包括（　　）。

A. 培养和提高操作人员对新机械的使用、维护能力

B. 做好机械使用初期的原始记录，包括运转台时、作业条件、零部件磨损及故障记录等

C. 机械初期使用结束时，机械管理部门应根据各项记录填写机械初期使用鉴定书

D. 新购或经过大修、重新安装的内燃机，在投入施工生产的初期，不需要运行磨合

E. 对新机械平稳操作，加强维护保养，但不能缩短润滑油的更换期

三、判断题（正确的在括号内填“A”，不正确的在括号内填“B”）

1. 人机固定就是把每台机械设备和它的操作者相对固定下来，无特殊情况不得随意变动。机械设备在企业内部调拨时，原则上人随机走。（　　）

2. 大型设备的安装、拆卸，都必须制定专项施工方案，经审批后方可实施。大型设备的安装必须由具有资质证件的专业队承担，要按有针对性的安拆方案进行作业。（　　）

3. 安装高度超过 20m 的物料提升机应安装渐进式防坠安全器及自动停层、语音影像信号监控装置。（　　）

4. 气瓶使用时必须安装减压器，乙炔瓶应安装回火防止器，并应灵敏可靠；气瓶间安全距离不应小于 10m，与明火安全全距离不应小于 5m。（　　）

5. 塔式起重机，当起重量大于相应挡位的额定值并小于该额定值的 110%时，应切断上升方向上的电源，机构不可作下降方向的运动。（　　）

6. 塔式起重机应采用 TN-S 接零保护系统供电。（　　）

7. 振捣器作业时应使用移动配电箱、电缆线长度不应超过 30m。（　　）

8. 建筑业企业处于多种所有制并存阶段，各企业可根据自己的特点，结合每种（台）机械的具体要求，在执行相关法规的基础上，综合各种维护保养制度，制定本企业的机械维护保养制度。（　　）

四、计算题或案例分析题

新华建筑工程公司的金陵大学项目部，最近组织了机械操作和维修班组的工人进行业务学习。通过学习大家对施工现场机械管理制度有了一定的认识。根据上述背景，请回答下列 1～6 问题：

1. 施工现场机械管理制度中，以下关于“三定”制的管理错误的描述是（　　）。（单选题）

A. 机械操作人员由机械使用单位选定，不用报机械主管部门

B. 重点机械的机长，要经企业分管机械的领导批准

C. 机长或机组长确定后，应有机械建制单位任命，并应保持相对稳定，不要轻易更换

D. 企业内部调动机械时，大型机械原则上做到人随机调

2. 建筑机械的日常维护由（　　）负责进行。（单选题）

A. 项目部机管员　　B. 操作人员

C. 项目修理工　　D. 专业修理工

3. 企业总部应（　　）组织一次由各机械使用单位参加的机械大检查

A. 每年　　B. 每季度　　C. 每月　　D. 每周

4. 机械交班时，交接双方都要全面检查，做到不漏项目，交接清楚。交接班的内容如下：（　　）。（多选题）

A. 交清机械运转及使用情况　　B. 交清机械保养情况及存在问题

C. 交清机械随机工具、附件等情况　　D. 交清本班各项原始记录

E. 重点介绍有无异常情况及处理经过

5. 班组共同使用的机械以及一些不宜固定操作人员的设备，应指定专人或小组负责保管和保养，限定本班组的人员进行操作。（　　）（判断题）

6. 项目部机械员负责本项目部机械的保养及维修。（　　）（判断题）

第 4 章　施工机械设备常见故障、事故原因和排除方法

一、单项选择题

1. 施工机械的磨损，根据产生原因，可分为使用磨损和（　　）两种。

A. 磨料磨损　　B. 粘着磨损　　C. 腐蚀磨损　　D. 自然磨损

2. 施工机械在工作中，其零部件受摩擦、振动、疲劳而磨损或损坏，这种有形磨损即称为（　　）。

A. 表面疲劳磨损　　B. 使用磨损　　C. 腐蚀磨损　　D. 自然磨损

3. 施工机械初期磨损的主要原因不包括（　　）。

A. 零件加工粗糙表面在负载运转中的快速磨损

B. 低可靠度零件在负载下的迅速失效

C. 安装不良，操作人员对新使用设备不熟悉

D. 主要零部件的磨损程度已经达到正常使用极限

4. 磨损速度缓慢，施工机械处于最佳技术状态是（　　）阶段。

A. 初期磨损　　B. 磨合磨损　　C. 正常磨损　　D. 剧烈磨损

5. 施工机械内部原因造成的故障，不包括（　　）。

A. 超负荷使用　　B. 机械磨损　　C. 零部件磨损　　D. 零部件老化

6. 施工机械渐发性故障发生的时间一般在零部件有效寿命的（　　）。

A. 前期　　B. 初期　　C. 中期　　D. 后期

7. 以下哪一项不属于施工设备渐发性故障的特点（　　）。

A. 故障发生的时间一般在零部件有效寿命的后期

B. 发生之前无明显的可察征兆

C. 有规律性，可预防

D. 故障发生的概率与设备运转的时间有关。设备使用的时间越长，发生故障的概率越大，损坏的程度也越大

8. 偶发故障期是机械的（　　），机械已进入正常工作，故障率较低。

A. 运转初期　　B. 大修后投入使用初期

C. 正常运转期　　　　　　　　　　　　D. 使用早期

9. 机械经长时间运转后，由于过度磨损、疲劳而日益老化，使故障率急剧上升是（　　）。

A. 偶发故障期　　B. 正常运转期　　C. 早期故障期　　D. 损耗故障期

10. 机械的有效寿命期是指（　　），在这个阶段故障率低、机械性能稳定。

A. 偶发故障期　　B. 早期故障期　　C. 渐发性故障　　D. 突发性故障

11. 以下哪一项不属于施工机械责任事故。（　　）

A. 养护不良、驾驶操作不当，引起机械设备的损坏

B. 操作不当造成的间接损失

C. 原厂制造质量低劣而发生的机件损坏，经鉴定属实

D. 不属于正常磨损的机件损坏

12. 以下哪一项不属于施工机械非责任事故。（　　）

A. 突发山洪，导致施工机械损坏

B. 地震，导致施工机械损坏

C. 丢失重要的随机附件

D. 原厂制造质量低劣而发生的机件损坏，经鉴定属实

13. 大型施工现场，建议配备（　　），一旦发生故障，能够及时排除。

A. 机械维修人员　　　　　　　　　　B. 机械操作人员

C. 专职安全员　　　　　　　　　　　D. 技术负责人

14. 常用的施工机械故障排除方法不包括（　　）。

A. 机械加工法　　　　　　　　　　　B. 替代修理法

C. 零件弃置法

15. 变形的故障零件可用（　　）方法修复。

A. 焊接　　B. 电镀　　C. 热喷涂　　D. 机械加工

16. 以下哪一种施工机械故障排除方法，不属于零件弃置法的是（　　）。

A. 汽车总线中的刹车灯线损坏，造成刹车灯不亮，可暂时用单股线接通，满足使用功能

B. 冬季施工时，机油散热器冻裂，暂时无法修复时，可将机油管直接与机体油道接通，将散热器水管短接，迅速恢复机械的作业

C. 故障零件丢弃不用，用原产配件或采用等强度代换或者用高强度材料代替低强度材料的原则替换

D. 越过已经产生故障的零部件，将管路或电路连接起来，快速恢复施工机械功能

17. 以下哪一种方法不属于施工机械故障替代修理法的是（　　）。

A. 利用完好备件替换已经损坏的零件

B. 替代修理法的备件应是原厂配件，与零件完全相同

C. 自制备件时，应充分考虑零件的受力状态，采用等强度代换或者用高强度材料代替低强度材料的原则

D. 只适用于临时、应急维修

18. 只适用于临时、应急维修的施工机械故障排除方法是（　　），施工机械使用过程中一定要高度关注，避免因临时维修失败造成更大范围的机械故障、机械损毁；要尽快

购置配件，进行彻底修理。

A. 零件弃置法　　B. 机械加工法　　C. 替代修理法　　D. 焊接法

二、多项选择题

1. 影响施工机械使用磨损发展程度的主要因素有（　　）。

A. 施工机械的质量、负荷程度　　B. 操作工人的技术水平、工作环境

C. 维护修理质量与周期　　D. 保管不善而造成的锈蚀、老化、腐朽

E. 自然力量的作用

2. 施工机械有形磨损可分为（　　）几个阶段。

A. 磨合磨损阶段　　B. 闲置磨损阶段

C. 自然磨损阶段　　D. 正常磨损阶段

E. 剧烈磨损阶段

3. 施工机械从投产起一直到严重磨损的全过程，其故障变化分为（　　）。

A. 早期故障期　　B. 偶发故障期

C. 损耗故障期　　D. 中期故障期

E. 晚期故障期

4. 关于偶发故障，以下说法正确的有（　　）。

A. 偶发故障是由于使用不当、维护不良等偶然因素引起的

B. 偶发故障不能预测

C. 设计缺陷、制造缺陷、操作不当、维护不良等都会造成偶发故障

D. 偶发故障期整个阶段故障率低、机械性能稳定

E. 偶发故障一般是由于设计、制造上的缺陷等原因引起的

5. 常用的施工机械故障排除方法有（　　）。

A. 堆焊　　B. 机械加工法

C. 替代修理法　　D. 零件弃置法

E. 更换操作人员和维修人员

三、判断题（正确的在括号内填“A”，不正确的在括号内填“B”）

1. 故障管理，特别是对生产效率较高的大型连续自动化施工机械的故障管理，在项目管理工作中，占有非常重要的地位。（　　）

2. 自然磨损在闲置过程中会发生，在施工机械使用过程中不会发生。（　　）

3. 施工机械闲置中容易失去正常的维护，因此在闲置中的自然磨损比使用中更明显。（　　）

4. 施工机械使用中应及时发现正常使用极限，及时进行预防修理，更换磨损零件，防止故障发生。（　　）

5. 施工机械突发性故障有规律性，可预防。（　　）

6. 早期故障期，指新机械运转初期或大修后投入使用初期，故障率较低。（　　）

7. 损耗故障期，是机械的有效寿命期，在这个阶段故障率低、机械性能稳定。（　　）

8. 在有效寿命期进行定期保养、预防性维修，可有效延缓损耗故障期的到来，极大

地降低故障率。 （ ）

9. 通过对施工机械故障规律的分析，可以了解故障的成因，制定相应的预防措施，减少机械故障的发生。 （ ）

10. 施工机械事故，按性质可以分为责任事故和非责任事故两类。 （ ）

11. 零件修理法对修理的技术水平要求高、修理工艺复杂、甚至需要专用修理设备，部分修理法的费用较高，实际采用时，应慎重选择。 （ ）

12. 发动机、变速器等装配不当而损坏总成，属于责任事故。 （ ）

四、计算题或案例分析题

施工机械在使用过程中经常会出现故障。预防故障的发生、了解故障的原因、排除故障是机械员的职责。根据上述背景，回答下列1～6问题。

1. 施工机械寿命期内，由于自然力量的作用或因保管不善而造成的锈蚀、老化、腐朽，甚至引起工作精度和工作能力的丧失，即称为（ ）。(单选题)

A. 自然磨损　　B. 使用磨损　　C. 磨合　　D. 电化学反应

2. 某些零部件已损坏，需要更换或修理后才能恢复，这类故障称为（ ）。(单选题)

A. 永久性故障　　B. 间断性故障

C. 外因造成的故障　　D. 内因造成的故障

3. 变形的故障零件可用（ ）方法修复。(单选题)

A. 焊接　　B. 电镀　　C. 热喷涂　　D. 机械加工

4. 施工机械的故障变化规律与机械磨损规律相对应，机械从投产起一直到严重磨损的全过程，其故障变化分为（ ）等一系列故障期。(多选题)

A. 早期故障期　　B. 偶发故障期

C. 损耗故障期　　D. 有效故障期

E. 无效故障期

5. 施工机械故障是指施工机械或系统在使用过程中，因某种原因丧失了规定功能或降低了效能时的状态。（ ）(判断题)

6. 施工机械虽然种类繁多，但是，发生的故障是一致的。（ ）(判断题)

第5章　施工机械设备的成本核算方法

一、单项选择题

1. 以下关于施工机械设备成本核算原则正确的是（ ）。

A. 成本核算资料按一定的原则由不同的会计人员加以核算，可能得不同的结果

B. 企业应定期核算机械成本。成本核算的分期，可以与会计年度的分月、分季、分年不一致

C. 应由本期成本负担的费用，不论是否已经支付，都要计入本期成本

D. 所耗用的原材料、燃料、动力可以采用定额成本、标准成本计算

2. “企业应定期核算机械成本。成本核算的分期，必须与会计年度的分月、分季、分

年相一致，这样可以便于利润的计算”，指的是施工机械设备成本核算（　　）原则。

A. 可靠性　　B. 分期核算　　C. 一致性　　D. 相关性

3. 施工机械设备成本是指施工机械设备在（　　）过程中发生的各项费用的总和。

A. 使用　　B. 购买　　C. 租赁　　D. 闲置

4. 作为机械设备全寿命期内的重要经济活动，（　　）是施工单位成本核算的重要组成部分，也是设备管理，合理配置、使用设备资源的有效措施。

A. 施工机械设备成本核算　　B. 施工机械设备购置计划

C. 施工机械设备进场计划　　D. 施工机械设备使用计划

5. 加强施工机械设备（　　）和成本控制，对强化施工机械的管、用、养、修各过程的控制，增强企业的市场竞争能力，有着十分重要的作用。

A. 成本核算　　B. 使用管理　　C. 维护保养　　D. 合理利用

6. 施工机械一次大修理费应以《全国统一施工机械保养修理技术经济定额》（以下简称《技术经济定额》）为基础，结合编制期（　　）综合确定。

A. 市场价格　　B. 各级保养所需费用

C. 场外运费　　D. 人工费

7. 以下不属于施工机械经常修理费的是（　　）。

A. 施工机械除大修理以外的各级保养和临时故障排除所需的费用

B. 为保障机械正常运转所需替换与随机配备工具附具的摊销和维护费用

C. 机械运转及日常保养所需润滑与擦拭的材料费用及机械停滞期间的维护和保养费用

D. 施工机械按规定的大修理间隔台班进行必要的大修理，以恢复其正常功能所需的费用

8. 以下不属于施工机械安拆费的是（　　）。

A. 施工机械在现场进行安装与拆卸所需的人工、材料、机械费用

B. 施工机械试运转费用

C. 机械辅助设施的折旧、搭设、拆除等费用

D. 施工机械整体或分体自停放地点运至施工现场或由一施工地点运至另一施工地点的运输、装卸、辅助材料及架线等费用

9. 施工机械单机核算的收入核算，即（　　）核算。

A. 施工定额　　B. 固定成本　　C. 变动成本　　D. 效益

10. 施工机械固定成本不包括（　　）。

A. 保险费　　B. 车船使用税　　C. 人员工资　　D. 年检费

11. 施工机械变动成本中，（　　）支出较大，是管理重点。

A. 配件费　　B. 动力、燃料费　　C. 保养费　　D. 人员工资

12. 施工机械变动成本包括（　　）。

A. 折旧费　　B. 电费　　C. 年检费　　D. 养路费

13. 以下不属于施工机械的单机核算内容的是（　　）。

A. 施工现场项目经理工资　　B. 施工机械操作人员工资

C. 收入核算　　D. 成本核算

14. 寿命期大修理次数指施工机械在其寿命期（耐用总台班）内规定的大修理次数。寿命期大修理次数应参照（　　）确定。

A.《全国统一施工机械保养修理技术经济定额》
B. 机械设备厂家要求
C. 操作人员要求
D. 维修人员要求
15. 施工机械设备成本核算原则不包括（　　）。
A. 可靠性原则
B. 分期核算原则
C. 实际成本计价原则
D. 所耗用的原材料、燃料、动力按定额计算
16. 施工机械设备成本核算相关性原则，包括成本信息的（　　）和及时性。
A. 真实性　　B. 有用性　　C. 重要性　　D. 一致性

二、多项选择题

1. 机械经济核算主要有（　　）。
A. 机械使用费核算　　B. 机械维修费核算
C. 机械购置费核算　　D. 机械操作人员培训费核算
E. 机械事故赔偿费核算
2. 以下属于施工机械设备成本核算原则的主要内容有（　　）。
A. 所提供的成本信息与客观的经济事项尽量一致
B. 对于成本有重大影响的项目应作为重点，力求精确
C. 成本核算资料按一定的原则由不同的会计人员加以核算，都能得到相同的结果
D. 所耗用的原材料、燃料、动力要按实际耗用数量的实际成本计算
E. 可以采用定额成本、标准成本
3. 施工机械设备成本相关性原则包括（　　）。
A. 成本信息的有用性
B. 成本信息的及时性
C. 成本核算要为管理当局提供有用的信息，为成本管理、预测、决策服务
D. 由本期成本负担的费用，不论是否已经支付，都要计入本期成本
E. 所耗用的原材料、燃料、动力要按实际耗用数量的实际成本计算
4. 施工机械成本核算的主要指标包括（　　）。
A. 施工机械在现场进行安装与拆卸所需的人工、材料、机械和试运转费用以及机械辅助设施的折旧、搭设、拆除等费用
B. 施工机械整体或分体自停放地点运至施工现场或由一施工地点运至另一施工地点的运输、装卸、辅助材料及架线等费用
C. 施工机械除大修理以外的各级保养和临时故障排除所需的费用
D. 施工机械在运转作业中所耗用的固体燃料（煤、木柴）、液体燃料（汽油、柴油）等费用，水、电费除外
E. 施工机械按照国家和有关部门规定应交纳的养路费、车船使用税、保险费及年检费用等

5. 施工机械的单机核算包括（　　）几大部分。

A. 人工费核算　　B. 收入核算

C. 收入核算　　D. 成本核算

E. 盈亏分析

三、判断题（正确的在括号内填“A”，不正确的在括号内填“B”）

1. 实行机械成本核算，就是把经济核算的方法运用到机械施工生产和经营的各项工作中，通过核算和分析，以实施有效的监督和控制，谋求最佳的经济效益。（　　）

2. 施工机械成本核算资料按一定的原则由不同的会计人员加以核算，可能得到不同的结果。（　　）

3. 施工机械成本核算所采用的方法，前后各期可以不同。（　　）

4. 对于成本有重大影响的项目应作为重点，力求精确。而对于那些不太重要的琐碎项目，则可以从简处理。（　　）

5. 施工机械成本核算的分期，必须与会计年度的分月、分季、分年相一致，这样可以便于利润的计算。（　　）

6. 施工机械设备成本核算，由本期成本负担的费用，已经支付的，要计入本期成本；没有支付的，不应计入本期成本，以便正确提供各项的成本信息。（　　）

7. 施工机械成本核算程序一般包括机械设备使用原始记录、单机核算、台班（折旧）费用分摊、进行要素费用的分配、进行综合费用的分配、计算总成本和单位成本等六个步骤。（　　）

8. 折旧费，指施工机械在规定的使用期限内，陆续收回其原值及购置资金的时间价值。（　　）

9. 台班大修理费应按下列公式计算：

台班大修理费＝一次大修理费*寿命在修理次数/耐用总台班。（　　）

10. 施工机械的成本分为固定成本和变动成本两部分。（　　）

11. 通过核算分析，不断优化施工过程、施工机械的管理方法，最终达到增收节支，获得更大的经济效益。（　　）

四、计算题或案例分析题

施工机械经济核算是企业经济核算的重要组成部分。企业应按成本核算的原则程序，对施工机械实行核算。根据上述背景，回答下列1～6问题：

1. 从施工机械（　　），计算出机械设备总成本的步骤称为成本核算程序。（单选题）

A. 开始使用、成本开始发生，到工程结束

B. 购置开始、成本开始发生，到工程结束

C. 开始使用、成本开始发生，到报废

D. 购置开始、成本开始发生，到报废

2. 施工机械在规定的使用期限内，陆续收回其原值及购置资金的时间价值，这项费用称为（　　）。（单选题）

A. 折旧费　　B. 大修理费　　C. 台班费　　D. 其他费用

3. 施工机械成本核算所采用的方法，前后各期必须一致。这是成本核算的（　　）原则。(单选题)

A. 合法性　　B. 可靠性　　C. 一致性　　D. 重要性

4. 机械经济核算主要有（　　）核算。(多选题)

A. 机械使用费　　B. 机械维修费

C. 折旧费　　D. 大修理费

E. 台班费

5. 合法性原则。指计入成本的费用都必须符合法律、法令、制度等的规定。不合规定的费用不能计入成本。（　　）(判断题)

6. 施工机械的单机核算分为收入核算和成本核算两大部分。（　　）(判断题)

第6章　施工临时用电安全技术规范和机械设备用电知识

一、单项选择题

1. 施工现场临时用电设备在（　　）台及以上或设备总容量在（　　）kW及以上者，应编制用电组织设计。

A. 5，50　　B. 6，60　　C. 7，70　　D. 8，80

2. 临时用电组织设计及变更用电时，必须履行“（　　）”程序，由电气工程技术人员组织编制，经相关部门审核及具有法人资格企业的技术负责人批准后实施。

A. 编制　　B. 审核　　C. 批准　　D. 三项都是

3. 临时用电工程必须经编制、审核、批准部门和使用单位共同（　　），合格后方可投入使用。

A. 验收　　B. 设计　　C. 施工　　D. 检查

4. 临时用电工程应定期按分部、分项工程进行检查，对（　　）隐患必须及时处理，并应履行复查验收手续。

A. 验收　　B. 设计　　C. 施工　　D. 安全

5. 临时用电组织设计应按照工程规模、场地特点、负荷性质、用电容量、地区供用电条件等实际情况，合理确定（　　）方案。

A. 验收　　B. 设计　　C. 施工　　D. 检查

6. 临时用电组织设计，应绘制临时用电工程图纸，主要包括用电工程（　　）、配电装置布置图、配电系统接线图、接地装置设计图。

A. 总平面图　　B. 剖面图　　C. 立面图　　D. 效果图

7. 临时电工必须经过按国家现行标准考核合格后，（　　）上岗工作

A. 持证　　B. 考试　　C. 考查　　D. 注册

8. 安装、巡检、维修或拆除临时用电设备和线路，必须由（　　）完成，并应有专人监护。

A. 机械员　　B. 电工　　C. 信号司索工　　D. 操作工

9. 各类用电人员应掌握安全用电基本知识和所用设备的（　　）。

A. 技术　　　　　　B. 性能　　　　　　C. 水平　　　　　　D. 能力

10. 移动电气设备时，必须经（　　）切断电源并做妥善处理后进行。

A. 电工　　　　　　B. 机械员　　　　　C. 焊工　　　　　　D. 安全员

11. 施工现场临时用电必须建立安全（　　）档案。

A. 业务　　　　　　B. 水平　　　　　　C. 技术　　　　　　D. 资料

12. 施工现场临时用电必须建立安全技术档案，并应由主管该现场的（　　）技术人员负责建立与管理，机械员应积极配合。

A. 电气　　　　　　B. 机械员　　　　　C. 焊工　　　　　　D. 安全员

13. 施工现场临时用电必须建立安全技术档案，（　　）由项目经理审核认可，并应在临时用电工程拆除后统一归档。

A. 每天　　　　　　B. 每周　　　　　　C. 每月　　　　　　D. 每年

14. 临时用电工程应定期检查。定期检查时，应复查（　　）电阻值和绝缘电阻值。

A. 接线　　　　　　B. 接触　　　　　　C. 接地　　　　　　D. 连接

15. 施工现场临时用电工程采用中性点直接接地的220/380V三相四线低压电力系统，必须采用三级配电系统：总配电、分配电和（　　）。

A. 开关箱　　　　　B. 工具箱　　　　　C. 设备箱　　　　　D. 安全箱

16. 在建工程（　　）在外电架空线路正下方施工、搭设作业棚、建造生活设施或堆放构件、架具、材料及其他杂物等。

A. 不得　　　　　　B. 可以　　　　　　C. 应该　　　　　　D. 能够

17. 在建工程（含脚手架）的周边与外电架空线路的边线之间的（　　）安全操作距离应符合规定。

A. 最小　　　　　　B. 最大　　　　　　C. 最长　　　　　　D. 最宽

18. 施工现场的机动车道与外电架空线路交叉时，架空线路的（　　）点与路面的最小垂直距离应符合规定。

A. 最高　　　　　　B. 最低　　　　　　C. 最远　　　　　　D. 最长

19. 起重机严禁越过无防护设施的外电架空线路作业。在外电架空线路附近吊装时，起重机的任何部位或被吊物边缘在最大偏斜时与架空线路边线的（　　）安全距离应符合规定。

A. 最长　　　　　　B. 最远　　　　　　C. 最小　　　　　　D. 最大

20. 架设绝缘隔离防护设施时，必须经有关部门批准。架设时采用线路暂时停电或其他可靠的（　　）措施，并应有电气工程技术人员和专职安全人员监护。

A. 安全技术　　　　B. 施工技术　　　　C. 设计　　　　　　D. 监理

21、防护设施与外电线路之间的安全距离不应（　　）规定数值。防护设施应坚固、稳定。

A. 小于　　　　　　B. 大于　　　　　　C. 超过　　　　　　D. 高于

22. 当绝缘隔离防护措施无法实现时，必须与有关部门协商，采取停电、迁移外电线路或改变工程位置等措施，未采取上述措施的（　　）施工。

A. 严禁　　　　　　B. 可以　　　　　　C. 应该　　　　　　D. 能够

23. 配电系统应设置配电柜或总配电箱、分配电箱、开关箱，实行（　　）配电。

A. 一级　　B. 二级　　C. 三级　　D. 四级

24. 总配电箱以下可设若干分配电箱，分配电箱以下可设若干开关箱。分配电箱与开关箱的距离不得超过（　　）m，开关箱与控制的固定用电设备的水平距离不宜超过3m。

A. 20　　B. 30　　C. 40　　D. 50

25. 每台用电设备必须有各自专用的开关箱，严禁用同一个开关箱直接控制（　　）台及其以上用电设备（含插座）。

A. 2　　B. 3　　C. 4　　D. 5

26. 动力配电箱与照明配电箱宜分别设置。当合并设置为同一配电箱时，动力与照明应分路配电；动力开关箱与照明开关箱必须（　　）。

A. 通用　　B. 共用　　C. 分设　　D. 合设

27. 配电箱、开关箱应装设端正、牢固。固定式配电箱、开关箱的中心点与地面的垂直距离应为1.4～1.6m。移动式配电箱、开关箱其中心点与地面的垂直距离宜为（　　）。

A. 2.8～3.6m　　B. 4.8～5.6m　　C. 0.8～1.6m　　D. 3.8～4.6m

28. 配电柜（总配电箱）应装设电源隔离开关及（　　）、过载、漏电保护电器装置，电源隔离开关分断时应有明显可见分断点。

A. 线路　　B. 连接　　C. 短路　　D. 配电

29. 开关箱中的隔离开关只可直接控制照明电路和容量小于（　　）kW的动力电路。

A. 3.0　　B. 4.0　　C. 5.0　　D. 6.0

30. 总配电箱中漏电保护器的额定漏电动作电流应大于（　　）mA，额定漏电动作时间应大于0.1s，但其额定漏电动作电流与额定漏电动作时间的乘积不应大于30mAs。

A. 20　　B. 30　　C. 40　　D. 50

31. 开关箱中漏电保护器的额定漏电动作电流不应大于30mA，地下室、潮湿或有腐蚀介质的场所，其漏电保护器的额定漏电动作电流不应大于（　　）mA，其额定漏电动作时间均不应大于0.1s。

A. 5　　B. 10　　C. 15　　D. 25

32. 配电箱与开关箱内的漏电保护器极数和线数必须与其负荷侧负荷的相数和线数（　　）。

A. 符合　　B. 对应　　C. 一致　　D. 不同

33. 配电箱与开关箱内电源进线端严禁采用插头和插座做活动连接。漏电保护器每天使用前应启动漏电试验按钮试跳一次，试跳不正常时（　　）继续使用。

A. 应该　　B. 能够　　C. 严禁　　D. 可以

34. 现场照明应采用（　　）光效、长寿命的照明光源。对需大面积照明的场所，应采用高压汞灯、高压钠灯或混光用的卤钨灯等。

A. 高　　B. 低　　C. 长　　D. 短

35. 照明器具和器材的质量应符合国家现行有关强制性标准的规定，（　　）使用绝缘老化或破损的器具和器材。

A. 不得　　B. 可以　　C. 应该　　D. 能够

36. 无法进行自然采光的地下大空间施工场所，（　　）编制单项照明电方案。

A. 应　　B. 不必　　C. 无需　　D. 不得

37. 照明供电，一般场所宜选用额定电压为（　　）V 的照明器。

A. 380　　B. 220　　C. 36　　D. 24

38. 特别潮湿场所、导电良好的地面、锅炉或金属容器内的照明，电源电压不得大于（　　）V。

A. 380　　B. 220　　C. 12　　D. 36

39. 潮湿和易触及带电体场所的照明，电源电压不得大于（　　）V。

A. 220　　B. 380　　C. 24　　D. 36

40. 隧道、人防工程、高温、有导电灰尘、比较潮湿或灯具离地面高度低于 2.5m 等场所的照明，电源电压不应大于（　　）V。

A. 220　　B. 380　　C. 36　　D. 48

41. 普通灯具与易燃物距离不宜小于（　　）mm；聚光灯、碘钨灯等高热灯具与易燃物距离不宜小于 500mm，且不得直接照射易燃物。达不到规定安全距离时，应采取隔热措施。

A. 300　　B. 200　　C. 100　　D. 180

42. 路灯的每个灯具应单独装设熔断器保护，灯头线应做（　　）弯。

A. 防水　　B. 防盗　　C. 防火　　D. 防撞

43. 碘钨灯及钠、钴、铟等金属卤化物灯具的安装高度宜在（　　）m 以上，灯线应固定在接线柱上，不得靠近灯具表面。

A. 3　　B. 4　　C. 5　　D. 6

44. 对夜间影响飞机或车辆通行的在建工程及机械设备，必须设置醒目的（　　）信号灯，其电源应设在施工现场总电源开关的前侧，并应设置外电线路停止供电时的应急自备电源。

A. 黄色　　B. 红色　　C. 蓝色　　D. 绿色

45. 电气设备的某部分与大地之间做良好的电气连接，称为接地。接地体，或称接地极是指埋入地中并直接与大地接触的（　　）。

A. 石块　　B. 木块　　C. 金属导体　　D. 绝缘体

46. 电气设备的金属外壳可能因绝缘损坏而带电，为防止这种电压危及人身安全而人为地将电气设备的外露可导电部分与大地作良好的连接称为保护接地。保护接地的接地电阻不大于（　　）Ω。

A. 20　　B. 10　　C. 4　　D. 8

47. 在施工现场专用变压器的供电的 TN-S 接零保护系统中，电气设备的金属外壳（　　）与保护零线连接。保护零线应由工作接地线、配电室（总配电箱）电源侧零线或总漏电保护器电源侧零线处引出。

A. 不应　　B. 不得　　C. 必须　　D. 可以

48. 施工现场的临时用电电力系统（　　）利用大地做相线或零线。

A. 严禁　　B. 可以　　C. 应该　　D. 能够

49. 漏电保护器用于直接接触电击事故防护时，应选用一般型（无延时）的漏电保护器，其额定漏电动作电流不超过（　　）mA。

A. 30　　B. 40　　C. 50　　D. 60

50. 低压供用电系统中为了缩小发生人身电击事故和接地故障切断电源时引起的停电范围，漏电保护器应采用（　　）保护。

A. 分级　　B. 一级　　C. 特级　　D. 重点

51. 漏电保护器动作参数的选择：手持式电动工具、移动电器、家用电器等设备应优先选用额定漏电动作电流不大于（　　）mA、一般型（无延时）的漏电保护器。

A. 30　　B. 40　　C. 50　　D. 60

52. 安装在水池、浴室等特定区域的电气设备应选用额定漏电动作电流为（　　）mA、一般型（无延时）的漏电保护器。

A. 20　　B. 10　　C. 4　　D. 8

53. 在金属物体上工作，操作手持式电动工具或使用非安全电压的行灯时，应选用额定漏电动作电流为（　　）mA，一般型（无延时）的漏电保护器。

A. 10　　B. 20　　C. 30　　D. 40

54. 漏电保护器对电网的要求：安装漏电保护器的电动机及其他电气设备在正常运行时的绝缘电阻不应小于（　　）MΩ。

A. 0.5　　B. 1.0　　C. 1.5　　D. 2.0

55. 漏电保护器的安装（　　）由经技术考核合格的专业人员进行。

A. 必须　　B. 可以　　C. 不需　　D. 一般

56. 因各种原因停运的漏电保护器再次使用前，应进行（　　）试验，检查装置的动作情况是否正常。

A. 通电　　B. 通水　　C. 质量　　D. 重点

57. 漏电保护器运行管理单位应（　　）检查分析漏电保护器的使用情况，对已发现的有故障的漏电保护器应立即更换。

A. 定期　　B. 抽查　　C. 经常　　D. 不定期

二、多项选择题

1. 施工现场临时用电组织设计应包括下列内容（　　）。

A. 绘制施工图

B. 确定电源进线、变电所或配电室、配电装置、用电装置位置及线路走向

C. 负荷计算

D. 选择变压器

E. 设计配电系统

2.（　　）临时用电设备和线路，必须由临时电工完成，并应有专人监护。临时电工的技术等级应同工程的难易程度和技术复杂性相适应。

A. 安装　　B. 巡检　　C. 维修　　D. 拆除　　E. 购买

3. 施工现场临时用电工程采用中性点直接接地的 220/380V 三相四线低压电力系统，必须采用三级配电系统：（　　）。

A. 总配电　　B. 分配电　　C. 配电箱　　D. 开关箱　　E. 变压器

4. 在建工程不得在外电架空线路正下方（　　）。

A. 施工　　　　　　　　　　B. 搭设作业棚
C. 通行　　　　　　　　　　D. 建造生活设施
E. 堆放构件、架具、材料及其他杂物

5. 开关箱必须装设隔离开关、断路器或熔断器，以及漏电保护器。当漏电保护器是具有（　　）保护功能时，可不装设断路器或熔断器。

A. 检验　　B. 短路　　C. 过载　　D. 漏电　　E. 隔离

6. 现场照明应采用高光效、长寿命的照明光源。对需大面积照明的场所，应采用（　　）或混光用的卤钨灯等。

A. 白炽灯　　B. 高压汞灯　　C. 高压钠灯　　D. 日光灯　　E. 近光灯

7. 施工临时照明器的选择必须按下列环境条件确定（　　）。

A. 正常湿度一般场所，选用防水开启式照明器
B. 潮湿或特别潮湿场所，选用密闭型防水照明器或配有防水灯头的开启式照明器
C. 含有大量尘埃但无爆炸和火灾危险的场所，选用防尘型照明器
D. 有爆炸和火灾危险的场所，按危险场所等级选用防爆型照明器
E. 存在较强振动的场所，选用防振型照明器

8. 电力系统和电气设备的接地，按其作用不同分为（　　）。

A. 工作接地　　　　　　　　B. 保护接地
C. 电气接地　　　　　　　　D. 设计接地
E. 重复接地

9. IEC 标准中，根据系统接地型式，将低压配电系统分为（　　）。

A. IT 系统　　B. 短路　　C. TT 系统　　D. 漏电　　E. TN 系统

10. 在施工机械上，行程开关是重要的安全保护装置，用来限制机械运动的位置或行程，使运动机械按一定位置或行程自动停止或反向运动，如起重机械（　　）等。

A. 高度限位开关（高度限制器）　　B. 运行行程开关（运行行程限位器）
C. 回转限位开关（回转限位）　　　D. 漏电电流保护开关
E. 幅度限位开关（幅度限位器）

三、判断题（正确的在括号内填“A”，不正确的在括号内填“B”）

1. 施工现场临时用电设备在 25 台及以上或设备总容量在 50kW 及以上者，应编制用电组织设计。（　　）

2. 临时用电组织设计及变更用电时，必须履行“编制、审核、批准”程序，由电气工程技术人员组织编制，经相关部门审核及具有法人资格企业的技术负责人批准后实施。（　　）

3. 临时用电工程必须经编制、审核、批准部门和使用单位共同验收，合格后方可投入使用。（　　）

4. 临时用电工程应定期按分部、分项工程进行检查，对安全隐患必须及时处理，并应履行复查验收手续。（　　）

5. 绘制临时用电工程图纸，主要包括用电工程总平面图、配电装置布置图、配电系统接线图、接地装置设计图。（　　）

6. 临时电工也可经过按国家现行标准考核合格后，持证上岗工作；机械员、设备操作人员等其他用电人员必须通过相关安全教育培训和技术交底，考核合格后方可进行用电操作。（ ）

7. 安装、巡检、维修或拆除临时用电设备和线路，必须由临时电工完成，并应有专人监护。临时电工的技术等级应同工程的难易程度和技术复杂性相适应。（ ）

8. 各类用电人员应掌握安全用电基本知识和所用设备的性能，也可符合下列规定：

1）使用电气设备前必须按规定穿戴和配备好相应的劳动防护用品，并应检查电气装置和保护设施，严禁设备带“缺陷”运转；

2）保管和维护所用设备，发现问题及时报告解决；

3）暂时停用设备的开关箱必须分断电源隔离开关，并应关门上锁；

4）移动电气设备时，必须经电工切断电源并做妥善处理后进行。（ ）

9. 安全技术档案应由主管该现场的电气技术人员负责建立与管理，机械员应积极配合。其中“电工安装、巡检、维修、拆除工作记录”可指定临时电工代管，每周由项目经理审核认可，并应在临时用电工程拆除后统一归档。（ ）

10. 临时用电工程应不定期检查。检查时，应复查接地电阻值和绝缘电阻值。（ ）

11. 起重机严禁越过无防护设施的外电架空线路作业。在外电架空线路附近吊装时，起重机的任何部位或被吊物边缘在最大偏斜时与架空线路边线的最大安全距离应符合规定。（ ）

12. 当施工现场绝缘隔离防护措施无法实现时，必须与有关部门协商，采取停电、迁移外电线路或改变工程位置等措施，未采取上述措施的严禁施工。（ ）

13. 配电系统应设置配电柜或总配电箱、分配电箱、开关箱，实行三级配电。总配电箱以下可设若干分配电箱，分配电箱以下可设若干开关箱。分配电箱与开关箱的距离不得超过 30m，开关箱与控制的固定用电设备的水平距离不宜超过 3m。（ ）

14. 动力配电箱与照明配电箱宜分别设置。当合并设置为同一配电箱时，动力与照明应分路配电；动力开关箱与照明开关箱必须分设。（ ）

15. 配电柜（总配电箱）应装设电源隔离开关及短路、过载、漏电保护电器装置，电源隔离开关分断时不需有明显可见分断点。（ ）

16. 无法进行自然采光的地下大空间施工场所，应编制单项照明电方案。（ ）

17. 照明变压器必须使用双绕组型安全隔离变压器，严禁使用自耦变压器。（ ）

18. 照明系统宜使三相负荷平衡，其中每一单相回路上，灯具和插座数量不宜超过 25 个，负荷电流不宜超过 15A。（ ）

19. 工作接地是为保证电力系统和设备达到正常工作要求而进行的一种接地，例如在电源中性点直接接地的电力系统中，变压器、发电机的中性点接地等。（ ）

20. 电气设备的金属外壳可能因绝缘损坏而带电，为防止这种电压危及人身安全而人为地将电气设备的外露可导电部分与大地作良好的连接称为保护接地。（ ）

21. 在 TN 系统中，为提高安全程度应当采用重复接地：在架空线的干线和分支线的终端及沿线每一公里处，电缆或架空线在引入车间或大型建筑物处。（ ）

22. 等电位连接是使电气装置各外露可导电部分和装置外可导电部分电位基本相等的一种电气连接措施。采用接地故障保护时，在建筑物内应作总等电位联结，当电气装置或

其某一部分的接地故障保护不能满足规定要求时，尚应在局部范围内做局部等电位连接。（　　）

23. 等电位连接是接地故障保护的一项重要安全措施，实施等电位联结能大大提高接触电压（是指电气设备的绝缘损坏时，人的身体可同时触及的两部分之间的电位差），在保证人身安全和防止电气火灾方面有十分重要的意义。（　　）

24. 在施工现场专用变压器的供电的 TN-S 接零保护系统中，电气设备的金属外壳必须与保护零线连接。保护零线应由工作接地线、配电室（总配电箱）电源侧零线或总漏电保护器电源侧零线处引出。（　　）

25. 当施工现场与外电线路共用同一供电系统时，电气设备的接地、接零保护应与原系统保持一致。不得一部分设备做保护接零，另一部分设备做保护接地。（　　）

26. 采用 TN 系统做保护接零时，工作零线（N 线）必须通过总漏电保护器，保护零线（PE 线）必须由电源进线零线重复接地处或总漏电保护器电源侧零线处，引出形成局部 TN-S 接零保护系统。（　　）

27. 施工现场的临时用电电力系统可以利用大地做相线或零线。（　　）

28. PE 线上可以装设开关或熔断器，严禁通过工作电流，且严禁断线。（　　）

29. 行程开关（限位开关）是一种常用的小电流主令电器。利用生产机械运动部件的碰撞使其触头动作来实现接通或分断控制电路，达到一定的控制目的。（　　）

30. 行程开关按其结构，可分为直动式、滚轮式、微动式和组合式。（　　）

四、计算题或案例分析题

工地临时用电线路较长，用电设备较多，临时用电安全是施工顺利进行的保障。根据上述背景，回答下列 1～6 问题：

1. 分配电箱和开关箱的距离不得超过（　　）m。（单选题）

A. 10　　B. 20　　C. 30　　D. 40

2. 经计算，照明线路的负荷电流为 10A，选择熔丝的额定电流应为（　　）A。（单选题）

A. 7.5　　B. 10　　C. 12　　D. 20

3. 潮湿和易触及带电体场所的照明，电源电压不得大于（　　）V。（单选题）

A. 380　　B. 220　　C. 12　　D. 36

4. 照明器、开关的安装应牢固可靠，（　　）。（多选题）

A. 灯头距地面的高度一般不应低于 2.5m

B. 拉线开关距地面高度为 2～3m

C. 其他开关不应低于 1.3m

D. 明装插座不应低于 1.3m

E. 拉线开关距地面不低于 1.8m

5. 开关箱与其控制的固定式用电设备间距不宜超过 3m。（　　）（判断题）

6. 动力配电箱与照明配电箱宜分别设置。当合并设置为同一配电箱时，动力与照明应分路配电；动力开关箱与照明开关箱必须分设。（　　）（判断题）

第7章　施工机械设备管理计划

一、单项选择题

1. 根据修理类别的不同，机械的修理可以分为（　　）类。

A. 1　　B. 2　　C. 3　　D. 4

2. 根据施工机械设备的维护保养要求，（　　）每年都要制定维修保养计划。

A. 塔式起重机　　B. 钢筋切断机　　C. 混凝土搅拌机　　D. 打夯机

3. 根据施工机械设备的维护保养要求，（　　）每年都要制定维修保养计划。

A. 混凝土搅拌机　　B. 施工升降机　　C. 钢筋切断机　　D. 打夯机

4. 根据施工机械设备的维护保养要求，（　　）设备每年都要制定维修保养计划。

A. 小型　　B. 中型　　C. 大型　　D. 全部

5. 施工机械特种作业人员必须经过特种作业人员岗位培训，建筑施工企业还应对施工机械管理和操作人员经常性地进行机械安全教育，机械安全教育每年不得少于（　　）次。

A. 1　　B. 2　　C. 3　　D. 4

6. 施工项目部应当配备国家及行业机械管理的规范、标准，（　　）组织机械操作人员学习与培训，提高机械操作人员业务素质。

A. 定期　　B. 不定期　　C. 定期和不定期　　D. 定期或不定期

7. 班组检查属于安全检查形式中的（　　）。

A. 日常检查　　B. 定期检查　　C. 季节性检查　　D. 节假日检查

8. 建设部制定和颁发的安全技术标准（　　），是机械安全运行、安全作业的重要保障。

A. 《施工现场机械设备检查技术规程》

B. 《建筑起重机安全评估技术规程》

C. 《建筑机械使用安全技术规程》

D. 《江苏省建筑工程施工机械安装质量检验规程》

9. 编制机械设备安全检查计划目的是为了（　　），保证机械各项规章制度的有效实施。

A. 发现和查明机械设备的隐患　　B. 确保机械施工安全

C. 监督各项安全规章制度的实施　　D. 制止违章作业，防范和整改隐患

10. 编制机械设备安全检查计划的基本任务是（　　）制止违章作业，防范和整改隐患。

A. 发现和查明机械设备的隐患　　B. 确保机械施工安全

C. 保证机械各项规章制度的有效实施　　D. 提高施工机械的使用效率

11. 施工项目部应严格执行机械设备（　　）制度，认真填写设备运转、保养、维修记录。

A. “三定”　　B. 交接班　　C. 安全检查　　D. 持证操作

12. 施工机械的“小修”属于（　　）保养类别。

A. 例行　　B. 初级　　C. 高级　　D. 日常

13. 针对设备的结构和使用特点及存在问题，在满足工艺要求的前提下，对设备的一个或几个项目进行的部分修理是（　　）。

A. 整机大修　　　B. 中修　　　C. 小修　　　D. 应急修理

14. 工作量较大的一类修理，一般要求对设备进行部分解体、修复或更换磨损的部件，校正设备的基准，使设备的主要精度达到工艺要求，这是施工机械的（　　）。

A. 整机大修　　　B. 中修　　　C. 小修　　　D. 应急修理

15. 对设备进行部分解体、清洗、检修，更换或修复严重磨损件，恢复设备的部分精度，使之达到工艺要求，这是施工机械的（　　）。

A. 整机大修　　　B. 中修　　　C. 小修　　　D. 应急修理

16. 金属切削设备的保养间隔一般为（　　）运转小时。

A. 1500～2000　　　B. 2000～2500　　　C. 2500～3000　　　D. 3000～3500

二、多项选择题

1. 施工机械安全管理制度应健全，最基本的有（　　）制度等。这是保证施工机械安全无事故的必要条件。

A. “三定”　　　B. 交接班　　　C. 财务

D. 持证操作　　　E. 岗位责任

2. 施工机械设备的维护保养是设备安全运行的重要保证，其工作质量的好坏直接影响到项目施工速度和效益。通过对设备的（　　），可以减少施工机械的磨损，降低故障率，提高施工机械的使用效率。

A. 检查　　　B. 调整　　　C. 紧固

D. 保养　　　E. 润滑

3. 在施工机械的使用过程中，应根据施工机械的（　　），参考故障浴盆曲线，编制施工机械维修保养计划，并及时对施工机械进行维修保养。

A. 检查结果　　　B. 运行状况　　　C. 使用年限

D. 保养状况　　　E. 工作任务的轻重

三、判断题（正确的在括号内填“A”，不正确的在括号内填“B”）

1. 对于塔式起重机、施工电梯等大型设备，每年都要制定维修保养计划。（　　）

2. 重要设备应单独编制保养计划，机械员应重点关注保养落实情况，必要时，组织专业技术人员进行协助，并对保养质量进行检验。（　　）

3. 施工机械设备保养计划中应明确保养的时间、需保养的内容、保养方法以及保养的具体要求。（　　）

4. 由于施工机械的安全间接影响施工生产的安全，所以施工机械的安全指标应列入企业经理的任期目标。（　　）

5. 施工机械设备安全检查的目的是查处机械安全隐患，整改是机械安全检查的重要组成部分，也是检查结果的归宿。（　　）

6. 由机械专业部门单独组织、机械相关人员参加，针对机械安全存在的突出问题进行的单项检查是定期检查。（　　）

7. 施工机械的所有检查不一定要有记录。（　　）

8. 施工企业与项目部根据自身的特点，要建立和完善各项机械管理制度，这是保证

施工机械安全无事故的必要条件。（　　）

四、案例题

某建筑公司制定了专门的机械安全生产检查制度，并能按上级主管部门文件要求组织机械安全生产检查，对检查出来的问题及时进行通报，督促整改及时消除隐患。根据上述前景，回答下列1～6问题：

1. 下列机械安全施工生产检查内容不包括（　　）。（单选题）

A. 施工条件　　B. 机械故障和安全装置

C. 施工方法　　D. 施工措施

2. 班组安全检查，属于安全检查形式中的（　　）。（单选题）

A. 日常检查　　B. 定期检查　　C. 季节性检查　　D. 专项检查

3. 企业季度检查，项目部每周一次的检查，属于安全检查形式中的（　　）。（单选题）

A. 日常检查　　B. 季节性检查　　C. 定期检查　　D. 专项检查

4. 关于施工机械安全管理制度，最基本的有（　　）等，是保证施工机械安全生产的必要条件。（多选题）

A. “三定”制度　　B. 持证上岗制度

C. 财务制度　　D. 交接班制度

E. 安全检查制度

5. 机械安全检查的类型包括专业性安全检查。（　　）（判断题）

6. 机械安全检查可结合机械安全活动中开展百日无事故、安全运行标兵等竞赛活动进行。（　　）（判断题）

第8章　施工机械设备的选型和配置

一、单项选择题

1. 建筑机械的生产率是指单位时间（小时、台班、月、年）机械完成的数量。一般机械技术说明书上的生产率是（　　）。

A. 理论生产率　　B. 技术生产率　　C. 实际生产率　　D. 设定生产率

2. 机械在具体施工条件下连续工作的生产率是（　　）。

A. 理论生产率　　B. 技术生产率　　C. 实际生产率　　D. 设定生产率

3. 机械在具体施工条件下，考虑了施工组织及生产时间的损失等因素后的生产率是（　　）。

A. 理论生产率　　B. 技术生产率　　C. 实际生产率　　D. 设定生产率

4. 当有多台同类机械设备可供选择时，可以考虑机械的技术特点，通过对某种特性分级打分的方法比较其优劣，这种方法称为（　　）。

A. 综合评分法　　B. 单位工程量成本比较法

C. 界限时间比较法　　D. 理想比较法

5. 在可能的条件下，使单位实物工程量的机械使用费成本最低，符合施工机械正确使用（　　）的要求。

A. 高效率　　B. 高负荷

C. 经济性　　D. 机械非正常损耗防护

6. 当有多台同类型机械设备可供选择时，可通过对某种设备的特性进行分级打分的方法比较其优劣。打分等级有（　　）个。

A. 2　　B. 3　　C. 4　　D. 5

7. 施工场地要做好（　　），要为机械使用提供良好的工作环境。

A. 三通一平　　B. 四通一平　　C. 五通一平　　D. 三通二平

8. 每台用电设备必须有各自专用的开关箱，严禁用同一个开关箱直接控制（　　）用电设备（含插座）。

A. 2 台　　B. 3 台　　C. 4 台　　D. 2 台及 2 台以上

9. 开关箱与其控制的固定式用电设备的水平距离不宜超过（　　）。

A. 3m　　B. 4m　　C. 5m　　D. 6m

10. 塔式起重机、外用电梯、滑升模板的金属操作平台及需要设置避雷装置的物料提升机，除应连接 PE 线外，还应做（　　）。

A. 接地　　B. 重复 PE　　C. 三重接地　　D. 重复接地

11. 正、反向运转控制装置中的控制电器不得采用（　　）作为控制电器。

A. 自动双向转换开关　　B. 接触器

C. 继电器　　D. 手动双向转换开关

12. 项目开工前，项目部机管员应根据项目施工需要，充分征求施工技术人员意见，编制（　　）。

A. 建筑机械申请计划　　B. 设备台账

C. 建筑机械总功率　　D. 建筑机械履历书

13. 安全技术交底工作完毕后，所有参加交底的人员必须履行（　　）。

A. 口头承诺　　B. 约定　　C. 交底手续　　D. 签字手续

14. 企业应组织或者委托有能力的培训机构对机械操作人员进行（　　）。

A. 年度安全生产教育培训　　B. 继续教育

C. 年度安全生产教育培训或者继续教育　　D. 能力考核

15. 大型设备的安装、拆卸，都必须制定（　　），经审批后方可实施。

A. 专项施工方案　　B. 施工组织设计　　C. 应急计划　　D. 危险源评估方案

16. 大型设备的安装必须由（　　）承担。

A. 有经验的专业队　　B. 业主指定的专业队

C. 设备出租单位　　D. 具有资质证件的专业队

17. 现场机械的明显部位或机棚内要悬挂（　　）。

A. 简明安全操作规程和岗位责任标牌　　B. 简明安全操作规程

C. 岗位责任标牌　　D. 责任人牌

18. 机械设备使用的成本费用分为可变费用和固定费用，应优先选择单位工程量成本费用较低的机械，这种方法称为（　　）。

A. 综合评分法　　B. 单位工程量成本比较法

C. 界限时间比较法　　　　　　　　D. 理想比较法

19. 计算界限时间，通过时间点的判断来选择机械的方法称为（　　）。

A. 综合评分法　　　　　　　　　　B. 单位工程量成本比较法

C. 界限时间比较法　　　　　　　　D. 理想比较法

20. 机械设备使用的成本费分为可变费用和固定费用。以下选项属于可变费用的是（　　）。

A. 直接材料费　　B. 折旧费　　C. 机械管理费　　D. 投资应付利息

21. 计算建筑机械需要量时，对于施工工期长的大型工程，以（　　）为计划时段。

A. 月　　B. 季度　　C. 半年　　D. 年

22. 机械的台班生产率 Q 采用理论公式计算时，应当仔细选取有关参数，特别是影响生产率最大的（　　）。

A. 机械的台班生产率　　　　　　　B. 计划时段内应完成的工程量

C. 时间利用系数 k_B 值　　　　　　D. 计划时段内的制度台班数

23. 正确使用是机械使用的基本要求，它包括（　　）两个方面的内容。

A. 技术方案和成本核算　　　　　　B. 技术合理和经济合理

C. 技术管理和施工管理　　　　　　D. 施工方案和成本预算

24. 进行建筑机械设备选择时，当有多台同类机械设备可供选择时，可以分析机械的（　　），通过对某种特性分级打分来比较其优劣。

A. 技术特点　　B. 设备使用费用　　C. 动力装置类型　　D. 操作难度

二、多项选择题

1. 施工机械的工作容量通常以（　　）来表示。

A. 机械装置的尺寸　　　　　　　　B. 作用力（功率）

C. 工作速度　　　　　　　　　　　D. 工作时间

E. 工作条件

2. 当有多台同类机械设备可供选择时，可以通过（　　）方法选择最佳的施工机械。

A. 综合评分法　　　　　　　　　　B. 分项评分法

C. 经验判定法　　　　　　　　　　D. 单位工程量成本比较法

E. 界限时间比较法

3. 技术合理，就是按照（　　）的各项技术要求使用机械。

A. 机械性能　　　　　　　　　　　B. 使用说明书

C. 操作规程　　　　　　　　　　　D. 正确使用机械

E. 机械利用率

4. 根据技术合理和经济合理的要求，机械的正确使用的主要标志有（　　）。

A. 高效率　　　　　　　　　　　　B. 经济性

C. 机械非正常损耗防护　　　　　　D. 机械无故障作业

E. 成套性

三、判断题（正确的在括号内填“A”，不正确的在括号内填“B”）

1. 建筑机械的固定费用是按一定的施工期限分摊，时间段不同，分摊的费用不同。（　　）

2. 建筑机械的经济合理，就是在机械性能允许范围内，能充分发挥机械的效能，以较低的消耗，获得较高的经济效益。（　　）

3. 建筑机械使用管理的经济性，要求在可能的条件下，使单位实物工程量的机械使用费成本最低。（　　）

4. 机械正确使用追求的高效率和经济性，可以建立在发生非正常损耗的基础上，否则就不是正确使用。（　　）

5. 建设工程施工前，施工单位专职安全管理人员应当对有关安全施工的技术要求向施工作业班组、作业人员作出详细说明。（　　）

6. 建筑机械的非正常损耗是指机械在正常使用中导致机械早期磨损、事故损坏以及各种使机械技术性能受到损害或缩短机械使用寿命等现象。（　　）

7. 经济合理，就是在机械性能允许范围内，能充分发挥机械的效能，以正常的消耗，获得较高的经济效益。（　　）

8. 施工现场前期必须做好“三通一平”，其“三通”即：路通、电通、气通。（　　）

9. 建设工程施工前，施工单位专职安全管理人员应当对有关安全施工的技术要求向施工作业班组、作业人员作出详细说明。（　　）

10. 电力拖动的机械要做到一机、一闸、一箱，漏电保护装置灵敏可靠，电气元件、接地、接零和布线符合规范要求，电缆卷绕装置灵活可靠。（　　）

11. 施工机械的工作容量常以机械单位时间（小时、台班、月、年）机械完成的工程数量来表示。（　　）

12. 施工机械应正确使用油料，要符合用油规定及原厂的规定要求。（　　）

四、案例题

选择适用的建筑机械是合理使用建筑机械的基础。根据上述背景，回答下列1～6问题：

1. 建筑机械的生产率是指单位时间机械完成的工程数量。选择时应优选（　　）高的设备。(单选题)

A. 理论生产率　　B. 技术生产率　　C. 实际生产率　　D. 额定生产率

2. 当有多台同类机械设备可供选择时，可以考虑机械的技术特点，通过对某种特性分级打分的方法比较其优劣，这种方法称为（　　）。(单选题)

A. 综合评分法　　B. 单位工程量成本比较法

C. 界限时间比较法　　D. 理想比较法

3. 在可能的条件下，使单位实物工程量的机械使用费成本最低，符合施工机械正确使用（　　）的要求。(单选题)

A. 高效率　　B. 高负荷

C. 经济性　　D. 机械非正常损耗防护

4. 建筑机械需要的数量是根据（　　）来确定的。(多选题)

A. 工程量　　B. 计划时段内的台班数

C. 机械的利用率　　D. 生产率

E. 理论生产率

5. 建筑机械的经济合理，就是在机械性能允许范围内，能充分发挥机械的效能，以较低的消耗，获得较高的经济效益。（　　）（判断题）

6. 机械正确使用有三个标志：高效率、经济性和机械正常损耗防护。（　　）（判断题）

第9章　特种设备安装、拆卸工作的安全监督检查

一、单项选择题

1. 建筑起重机械，是指（　　），在房屋建筑工地和市政工程工地安装、拆卸、使用的起重机械。

A. 造价100万元以上　　B. 纳入特种设备目录

C. 用于吊装　　D. 使用期限10年以上

2. 建筑起重机械安装、拆卸单位应取得（　　）企业资质。

A. 机电安装工程专业承包一级

B. 起重设备安装工程专业承包

C. 机电安装总承包一级

D. 电气安装工程专业承包一级

3. 根据起重设备安装工程专业承包资质标准规定，二级起重设备安装工程专业承包企业可承担（　　）及以下塔式起重机的安装与拆卸。

A. 3150kN·m　　B. 1000kN·m　　C. 800kN·m　　D. 600kN·m

4. 下列属于超过一定规模的危险性较大的分部分项工程范围的是（　　）。

A. 一般起重机械设备自身的安装、拆卸

B. 汽车式起重机的使用

C. 起重量300kN及以上的起重设备安装工程

D. 履带式起重机的使用

5. 建筑起重机械安装、拆卸工程应由安装单位编制专项方案，并由安装单位（　　）签字。

A. 技术负责人　　B. 法定代表人　　C. 总经理　　D. 项目经理

6. 超过一定规模的危险性较大的分部分项工程专项方案，实行施工总承包的，由（　　）组织召开专家论证会。

A. 施工总承包单位　　B. 安装单位　　C. 建设单位　　D. 监理单位

7. 生产经营单位应当制定本单位的应急预案演练计划，根据本单位的事故预防重点，（　　）至少组织一次综合应急预案演练或者专项应急预案演练。

A. 每周　　B. 每月　　C. 每季度　　D. 每年

8. 生产经营单位应当制定本单位的应急预案演练计划，根据本单位的事故预防重点，（　　）至少组织一次现场处置方案演练。

A. 每周　　B. 每月　　C. 每季度　　D. 每半年

9. 建筑施工起重机械设备安装和拆卸前，拆装单位应对拟安装和拆卸设备的（　　）进行检查。

A. 完好性　　　　B. 表面质量　　　　C. 机械部分　　　　D. 电气部分

10. 建筑起重机械安装过程中，施工总承包单位应指定（　　）监督检查建筑起重机械安装、拆卸、使用情况。

A. 项目技术负责人　　　　B. 施工员

C. 质检员　　　　D. 专职安全生产管理人员

11. 起重设备安拆现场应划定安拆范围，并设置（　　），严禁无关人员进入。

A. 围栏　　　　B. 安全警戒标志　　　　C. 警戒线　　　　D. 急救车

12. 建筑起重机械安装完毕，安装单位自检合格后，应当出具（　　），并向使用单位进行安全使用说明。

A. 自检合格证明　　　　B. 施工记录　　　　C. 竣工资料　　　　D. 使用证书

13. 建筑起重机械使用单位在使用前，应当委托（　　）进行检测。

A. 具备资质的检验检测机构　　　　B. 检验检测机构

C. 施工单位　　　　D. 质检站

14. 建筑起重机械使用单位在在监督检验合格之日起30日内，向工程所在地（　　）。

A. 县级以上人民政府建设行政主管部门办理使用登记

B. 市级以上人民政府建设行政主管部门办理使用登记

C. 省级以上人民政府建设行政主管部门办理使用登记

D. 县级以上人民政府建设行政主管部门办理资产登记

15. 建筑起重机械出现故障或者发生异常情况的，（　　），方可重新投入使用。

A. 立即停止使用，消除故障和事故隐患后

B. 消除故障和事故隐患后

C. 可带病操作

D. 边使用，边消除故障

16. 起重机械加节附着过程，如遇（　　）必须停止作业。

A. 大风、雨雪天气　　　　B. 三级风

C. 节假日　　　　D. 气温低于10℃

17. 应急响应是根据（　　），明确应急指挥、应急行动、资源调配、应急避险、扩大应急等响应程序。

A. 事故的性质　　　　B. 本单位技术水平

C. 本单位人员素质　　　　D. 事故的大小和发展态势

18. 综合应急预案应明确（　　）。

A. 对本单位人员开展的应急培训计划、方式和要求

B. 对事故责任人开展的应急培训计划、方式和要求

C. 对一线员工开展的应急培训计划、方式和要求

D. 对本单位负责人进行应急培训计划、方式和要求

19. 专项应急预案中应（　　）。

A. 明确应急处置所需的物资与装备数量、管理和维护、正确使用

B. 只需要明确应急处置所需的物资与装备数量

C. 明确应急处置所需的物资与装备购买方式

D. 明确应急处置所需的物资与装备所在位置

20. 建筑起重机械使用单位和安装单位应当在（　　）中明确双方的安全生产责任。

A. 建筑起重机械安装、拆卸招标文件

B. 建筑起重机械安装、拆卸投标文件

C. 建筑起重机械安装、拆卸专项安全合同

D. 签订的建筑起重机械安装、拆卸合同

21. 实行施工总承包的，（　　）应当与安装单位签订建筑起重机械安装、拆卸工程安全协议书。

A. 施工总承包单位　　B. 建设单位

C. 监理单位　　D. 当地建设主管部门

22. 建筑起重机械安装、拆卸工程必须编制（　　）。

A. 建筑起重机械安装、拆卸工程专项方案

B. 建筑起重机械安装、拆卸工程临时用电方案

C. 现场平面布置方案

D. 施工组织设计

23. 多塔吊交叉作业时，需编制专项方案，并采取防碰撞安全措施，同时确保（　　）。

A. 2 台以上塔吊的两机间任何接近部位（包括吊重物）距离不小于 2m

B. 2 台塔吊的两结构件间距离不小于 2m

C. 3 台塔吊中的两台间任何接近部位不能碰撞

D. 2 台以上塔吊的基础不能在一条直线上

24. 根据各类建筑起重机械的特殊性，住建部发布了《建筑施工塔式起重机安装、使用、拆卸安全技术规程》，该规程的标准代号是（　　）。

A. JGJ 46—2005　B. JGJ 130—2011　C. JGJ 196—2010　D. JGJ 215—2010

二、多项选择题

1. 从事建筑起重机械安装、拆卸活动的单位应当（　　）。

A. 依法取得建设主管部门颁发的起重设备安装资质

B. 依法取得建设主管部门颁发的建筑施工企业安全生产许可证

C. 在其资质许可范围内承揽建筑起重机械安装、拆卸工程

D. 依法取得建设主管部门颁发的机电安装资质

E. 依法取得工商局颁发的营业执照

2. 二级起重设备安装工程专业承包企业可承担（　　）的安装与拆卸。

A. 各类起重设备

B. 3150kN·m 以下塔式起重机

C. 各类施工升降机

D. 各类门式起重机

E. 单项合同额不超过企业注册资本金 5 倍

3. 对建筑起重机安装单位进场作业人员审核时，应审核特种作业人员的特种作业操作资格证书。要求其（　　）。

A. 种类能满足建筑起重机械安装拆卸的需要

B. 数量能满足建筑起重机械安装拆卸的需要

C. 证书在有效期内

D. 证书取得时间较长

E. 发证机关是市级建设主管部门

4. 建筑起重机安装过程中，安装单位的（　　）。

A. 主要负责人应当进行现场监督

B. 项目经理应当定期巡查

C. 专业技术人员应当进行现场监督

D. 专职安全生产管理人员应当进行现场监督

E. 技术负责人应当定期巡查

三、判断题（正确的在括号内填“A”，不正确的在括号内填“B”）

1. 房屋建筑工地和市政工程工地用起重机械、场（厂）内专用机动车辆的安装、使用的监督管理，由质量技术监督部门依照有关法律、法规的规定执行。（　　）

2. 从事建筑起重机械安装、拆卸活动的单位应当依法取得建设主管部门颁发的相应资质和建筑施工企业安全生产许可证，并在建筑工程范围内承揽建筑起重机械安装、拆卸工程。（　　）

3. 一般起重机械设备自身的安装、拆卸属于超过一定规模的危险性较大的分部分项工程范围。（　　）

4. 建筑起重机械安装专项方案实施前，编制人员或项目技术负责人应当向现场管理人员和作业人员进行安全技术交底。（　　）

5. 安装单位应制定建筑起重机械安装、拆卸工程生产安全事故应急救援预案。（　　）

6. 实行施工总承包的，施工总承包单位应监督使用单位和安装单位签订建筑起重机械安装、拆卸工程安全协议书。（　　）

7. 施工单位应当严格按照专项方案组织施工，不得擅自修改、调整专项方案。（　　）

8. 因设计、结构、外部环境等因素发生变化确需修改专项方案的，因为不是安装单位原因造成的，修改后的专项方案不用重新审核。（　　）

9. 起重机械设备作业人员在作业中应当严格执行起重机械设备的操作规程和有关的安全规章制度。（　　）

10. 起重机械设备作业人员发现事故隐患或者其他不安全因素时，应进行判断，如不影响使用，可继续作业。（　　）

11. 起重机械安装时，可根据现场具体情况对起重机械的附着方案进行改动。（　　）

12. 起重机械安装时，安全技术交底应在开工阶段进行。（　　）

13. 起重机械安装过程中，监理单位必须全程旁站监督。（　　）

四、案例题

某建筑工地需用3台800kN·m塔式起重机。总承包单位与一家起重机械安装单位签订了安装合同。根据上述背景，回答下列1～6问题：

1. 建筑起重机械（　　）后，方可进行安装、拆卸工作。（单选题）

A. 履行告知手续并受理　　B. 签订合同
C. 专项方案审批　　D. 监理开工令下达

2. 塔式起重机安装单位应编制专项方案，由本单位（　　）签字。（单选题）
A. 法定代表人　　B. 技术负责人　　C. 总经理　　D. 项目经理

3. 建筑起重机械检验检测机构应当取得（　　）核准的资质。（单选题）
A. 省住建厅　　B. 当地建设主管部门
C. 省特检院　　D. 省质监局

4. 安装前应进行检查，包括（　　）检查内容。（多选题）
A. 建筑机械　　B. 现场施工条件　　C. 资金到位情况　　D. 土建工程质量
E. 合同利润情况审查

5. 判定为“不合格”或“复检不合格”的起重机械，检验机构应将检验结果报当地建筑安全生产监督管理部门，以便及时采取安全监督措施。（　　）（判断题）

6. 专项方案中应采取防碰撞安全措施，同时确保 2 台以上塔吊的两机间任何接近部位（包括吊重物）距离不小于 3m。（　　）（判断题）

第 10 章　特种设备安全技术交底

一、单项选择题

1. 起重机械司机、起重信号司索工等特种作业人员应当经（　　）考核合格，并取得特种作业操作资格证书后，方可上岗作业。
A. 省级建设主管部门　　B. 市级建设主管部门
C. 省级劳动部门　　D. 省级技术质量监督部门

2. 起重吊装的指挥人员必须持证上岗，作业时应与操作人员密切配合，执行规定的指挥信号。指挥人员持有证件名称是（　　）。
A. 指挥工　　B. 信号工　　C. 司索工　　D. 信号司索工

3. 操作人员在上岗作业前，项目部必须安排技术人员对其进行安全技术交底。交底内容应区分不同机型，本教材第 10 章提供了（　　）种特种设备的安全技术交底内容。
A. 1　　B. 2　　C. 3　　D. 4

4. 塔式起重机提升重物作水平移动时，应高出其跨越的障碍物（　　）m 以上。
A. 0.5　　B. 0.6　　C. 0.7　　D. 0.8

5. 塔式起重机作业完毕后，起重臂应转到顺风方向，并松开回转制动器，小车及平衡重应置于非工作状态，吊钩提升到离起重臂顶端（　　）m 处。
A. 1～2　　B. 2～3　　C. 3～4　　D. 4～5

6. 专项施工项目开工前，企业的（　　）应向参加施工的管理技术人员进行安全技术交底。
A. 总经理　　B. 安全总监　　C. 技术负责人　　D. 安全科长

二、多项选择题

1. 建筑起重机械在使用过程中需要附着的，使用单位应当委托（　　）按照专项施工方案实施，并组织验收，验收合格后方可投入使用。

A. 有经验的安装单位　　B. 原安装单位

C. 钢结构生产厂家　　D. 具有相应资质的安装单位

E. 建筑起重机械生产厂家

三、判断题（正确的在括号内填“A”，不正确的在括号内填“B”）

1. 起重机械设备管理人员应当经过建设行政主管部门培训，取得“机械员”资格证书后，持证上岗。（　　）

2. 施工现场可以在建筑起重机械上安装非原制造厂制造的标准节和附着装置。（　　）

3. 建筑施工现场特种设备包括起重机械和场内机动车辆，操作人员在上岗作业前，项目部必须安排技术人员对其进行安全技术交底。（　　）

四、案例题

某建筑工地需用安装一批塔式起重机，规格最大为H3·36B（2950kN·m）。总承包单位与一家租赁企业签订了租赁协议后，需要选择塔吊安装单位。要求安装单位应具备一定的资格条件。根据以上背景，回答下列1～6问题。

1. 塔式起重机安装单位需具备（　　）资质。（单选题）

A. 机电设备安装工程专业承包一级资质

B. 起重设备安装工程专业承包二级资质

C. 起重设备安装工程专业承包三级资质

D. 机电设备安装工程专业承包二级资质

2. 安装前，安装单位应对拟安装的设备进行（　　）检查。（单选题）

A. 表面观感　　B. 机械部分　　C. 电气部分　　D. 整机完好性

3. 起重机械司机、起重信号司索工等特种作业人员应当经（　　）考核合格，并取得特种作业操作资格证书后，方可上岗作业。（单选题）

A. 省级建设主管部门　　B. 市级建设主管部门

C. 省级劳动部门　　D. 省级技术质量监督部门

4. 塔式起重机安装单位特种作业人员应包括（　　）。（多选题）

A. 建筑电工　　B. 建筑起重信号司索工

C. 建筑起重机械司机　　D. 建筑起重机械安装拆卸工

E. 建筑木工

5. 塔式起重机安装单位拥有的特种作业人员总数应能满足现场需要。（　　）（判断题）

6. 建筑施工现场特种设备包括起重机械和场内机动车辆，操作人员在上岗作业前，项目部必须安排技术人员对其进行安全技术交底。（　　）（判断题）

第11章　机械设备操作人员的安全教育培训

一、单项选择题

1. 根据《建设工程安全生产管理条例》的相关规定，施工单位应当对管理人员和作业人员（　　）安全生产教育培训。

A. 每半年至少进行一次　　B. 每年至少进行一次

C. 每两年至少进行一次　　D. 每三年至少进行一次

2. 三级安全教育培训公司级安全教育培训的主要内容是（　　）。

A. 项目安全制度　　B. 事故案例剖析

C. 企业的安全规章制度　　D. 本工程的安全操作规程

3. 三级安全教育培训项目级安全教育培训的主要内容是（　　）。

A. 项目安全制度　　B. 事故案例剖析

C. 企业的安全规章制度　　D. 国家和地方有关安全生产的方针、政策

4. 三级安全教育培训班组级安全教育培训的主要内容是（　　）。

A. 项目安全制度　　B. 事故案例剖析

C. 企业的安全规章制度　　D. 国家和地方有关安全生产的方针、政策

5. 施工企业应对特种作业人员每年进行安全生产继续教育，培训时间不得少于（　　）学时。

A. 15　　B. 20　　C. 25　　D. 30

6. 企业待岗、转岗、换岗的机械设备操作人员，在重新上岗前，必须接受一次安全培训，时间不得少于（　　）学时。

A. 15　　B. 20　　C. 25　　D. 30

7. 施工企业新进场机械设备操作人员必须接受公司、项目部、班组的三级安全教育，公司安全培训时间不得少于15学时；项目安全培训时间不得少于15学时；班组安全培训时间不得少于（　　）学时。

A. 15　　B. 20　　C. 25　　D. 30

8. 针对施工机械操作人员的培训，可以采用外部培训和内部培训等方式，除此之外，还包括（　　）竞赛。

A. 劳动　　B. 知识　　C. 技能　　D. 岗位

9. 机械设备操作人员必须具备机械安全基本知识。机械安全基本知识教育的主要内容是（　　）。

A. 劳动卫生　　B. 安全操作规程　　C. 安全技术　　D. 电气设备安全知识

10. 机械设备操作人员的安全生产技能教育内容是（　　）。

A. 高处作业安全知识　　B. 施工流程、方法

C. 安全技术　　D. 电气设备安全知识

11. 机械设备操作人员的安全生产技能教育内容是（　　）。

A. 高处作业安全知识　　B. 施工流程、方法

C. 电气设备安全知识　　D. 安全操作规程

12. 机械设备操作人员必须具备机械安全基本知识。机械安全基本知识教育的主要内容是（　　）。

A. 劳动卫生　　B. 消防制度及灭火器材应用的基本知识

C. 安全技术　　D. 安全操作规程

13. 企业施工危险区域及其安全防护的基本知识和注意事项、机械设备的有关安全知

识教育等属于机械设备操作人员的（　　）知识教育内容。

A. 劳动　　B. 安全生产　　C. 技能　　D. 岗位

14. “安全技术、劳动卫生和安全操作规程”等内容属于机械设备操作人员的（　　）教育。

A. 劳动　　B. 基本知识　　C. 技能　　D. 岗位

15. “反对违章指挥、违章作业，严格执行安全操作规程”等内容属于机械设备操作人员的（　　）教育。

A. 劳动纪律　　B. 安全生产基本知识

C. 安全生产技能　　D. 安全生产法制

16. 机械设备操作人员的安全教育是施工生产正常进行的前提，又是安全管理工作的重要环节，是提高机械设备操作人员安全素质、安全管理水平和防止机械事故发生的重要（　　）。

A. 措施　　B. 方法　　C. 手段　　D. 方式

17. 企业机械设备的高处作业及消防制度知识的教育等属于机械设备操作人员的（　　）知识教育内容。

A. 安全生产　　B. 基本　　C. 技能　　D. 岗位

18. 安全技能知识是比较专门、细致和深入的知识。主要包括（　　）、劳动卫生和安全操作规程。

A. 劳动纪律　　B. 安全技术　　C. 安全生产技能　　D. 安全生产法制

19. 安全技能知识是比较专门、细致和深入的知识。主要包括安全技术、（　　）和安全操作规程。

A. 劳动纪律　　B. 安全生产法制　　C. 安全生产技能　　D. 劳动卫生

20. 安全技能知识是比较专门、细致和深入的知识。主要包括安全技术、劳动卫生和（　　）。

A. 劳动纪律　　B. 安全操作规程　　C. 安全生产技能　　D. 安全生产法制

21. 实现安全操作、安全防护所必备的基本技术知识要求。每个机械设备操作人员都要熟悉本机种、本岗位专业安全技术知识。这是（　　）教育的内容。

A. 劳动纪律　　B. 安全生产基本知识

C. 安全生产技能　　D. 安全生产法制

22. 机械设备操作人员的安全教育主要包括安全生产思想教育、技能教育等（　　）个方面的内容。

A. 3　　B. 4　　C. 5　　D. 6

23. 施工项目部应建立安全教育培训档案，记录教育培训情况，受教育者应签字确认，严禁代签字，并逐步创造条件建立施工现场安全教育培训（　　）制度。

A. ID 卡　　B. 三级教育卡　　C. 安全卡　　D. IC 卡

24. 企业应每（　　）编制安全生产教育培训计划，并由企业相关部门组织实施。

A. 年　　B. 季　　C. 月　　D. 旬

二、多项选择题

1. 编制机械设备操作人员培训计划，培训计划应明确（　　）。

A. 培训目的　　B. 培训性质　　C. 培训内容

D. 培训大纲　　E. 参加人员

2. 机械设备操作人员的培训内容应包括（　　）等。

A. 机械管理岗位技能　　B. 管理制度

C. 专业性的知识　　D. 操作技能

E. 安全技术

3. 机械设备操作人员的安全教育培训目的是（　　）。

A. 使操作人员了解国家安全生产方针、有关法律法规和规章

B. 掌握本岗位安全操作规程以及个人防护、避灾、自救与互救基本方法

C. 营造良好安全生产文化氛围

D. 了解岗位作业的危险、职业危害因素

E. 了解安全设施、常见事故防范、应急措施基本常识

4. 三级安全教育培训班组级安全教育培训的主要内容是（　　）。

A. 本工程的安全操作规程　　B. 事故案例剖析

C. 企业的安全规章制度　　D. 国家和地方有关安全生产的方针、政策

E. 劳动纪律和岗位讲评

三、判断题（正确的在括号内填"A"，不正确的在括号内填"B"）

1. 施工项目部新进场的机械设备操作人员，必须接受总公司、分公司、项目的三级安全教育培训，经考核合格后，方能上岗。（　　）

2. 三级安全教育培训公司级安全教育培训的主要内容是，国家和地方有关安全生产的方针、政策、法规、标准、规范、规程和项目安全制度。（　　）

3. 三级安全教育培训项目安全教育培训的主要内容是：项目安全制度、事故案例剖析、工程施工特点及可能存在的不安全因素等。（　　）

4. 三级安全教育培训班组安全教育培训的主要内容是：施工现场环境、事故案例剖析、劳动纪律和岗位讲评等。（　　）

5. 机械设备操作人员每年接受安全培训的时间不得少于15学时。（　　）

6. 施工企业应对特种作业人员每年进行安全生产继续教育，培训时间不得少于15学时。（　　）

7. 施工企业新进场机械设备操作人员必须接受公司、项目部、班组的三级安全教育，公司安全培训时间不得少于15学时；项目安全培训时间不得少于15学时；班组安全培训时间不得少于15学时。（　　）

8. 企业待岗、转岗、换岗的机械设备操作人员，在重新上岗前，必须接受一次安全培训，时间不得少于20学时。（　　）

9. 施工现场安全教育培训内容按照工程进度和机械设备操作人员的实际需要确定，重点是安全知识、法律法规、安全教育、操作规程、安全纪律、文明礼仪、社会公德、职业道德、卫生防疫、操作技能等内容。（　　）

10. 机械设备操作人员的安全教育主要包括安全生产思想教育、知识教育、技能教育和岗位教育4个方面的内容。（　　）

11. 机械设备操作人员机械安全基本知识教育的主要内容是：企业的基本生产概况；施工流程、方法；企业施工危险区域及其安全防护的基本知识和注意事项等。（　　）

12. 机械设备操作人员的安全教育是施工生产正常进行的前提，又是安全管理工作的重要环节，是提高机械设备操作人员安全素质、安全管理水平和防止机械事故发生的重要手段。（　　）

四、案例题

为了提高建筑机械操作人员的安全意识，技能水平，施工项目应根据项目施工特点、设备种类，组织对机械操作人员进行培训。请根据以上背景，回答下列1～6问题。

1. 施工单位应当对管理人员和作业人员（　　）安全生产教育培训，其教育培训情况记入个人工作档案。安全生产教育培训考核不合格的人员，不得上岗。（单选题）

A. 每年至少一次　　B. 每年至少二次

C. 每两年至少一次　　D. 每三年至少一次

2. 《建筑与市政工程施工现场专业人员职业标准》JGJ/T 250—2011对机械员（土建类本专业中职学历）施工现场职业实践要求最少年限为（　　）年。（单选题）

A. 1　　B. 2　　C. 3　　D. 4

3. 根据《建筑与市政工程施工现场专业人员职业标准》JGJ/T 250—2011，机械员应具备规定的专业技能有（　　）项，应具备规定的专业知识有（　　）项。（单选题）

A. 2，3　　B. 3，4　　C. 5，3　　D. 4，5

4. 《安全生产法》第二十五条规定：生产经营单位应当对从业人员进行安全生产教育和培训，保证从业人员（　　），未经安全生产教育和培训合格的人员，不得上岗作业。（多选题）

A. 具备必要的安全生产知识　　B. 熟悉有关的安全生产规章制度

C. 掌握本岗位的安全操作技能　　D. 具备基本的法律知识

E. 熟悉安全操作规程

5. 根据《建筑与市政工程施工现场专业人员职业标准》JGJ/T 250—2011对“职业能力标准”的一般规定，建筑与市政工程施工现场专业人员应具有必要的表达、计算、计算机应用能力。（　　）（判断题）

6. 机械设备操作人员，每年接受安全培训的时间不得少于15学时。（　　）（判断题）

第12章　对特种设备运行状况的安全评价

一、单项选择题

1. 塔式起重机和施工升降机使用年限超过（　　）的限制使用。

A. 半年　　B. 一年　　C. 二年　　D. 一定年限

2. 对超过设计规定相应载荷状态允许工作循环次数的建筑起重机械，应作（　　）处理。

A. 安全评估　　B. 技术评估　　C. 大修　　D. 报废

3. 630kN·m以下（不含630kN·m）塔式起重机评估合格最长有效期限为（　　）。

A. 1年　　B. 2年　　C. 3年　　D. 4年

4. 630～1250kN·m（不含1250kN·m）塔式起重机评估合格最长有效期限为（　　）。

A. 1年　　B. 2年　　C. 3年　　D. 4年

5. 1250kN·m以上（含1250kN·m）塔式起重机评估合格最长有效期限为（　　）。

A. 1年　　B. 2年　　C. 3年　　D. 4年

6. SC型施工升降机评估合格最长有效期限为（　　）。

A. 1年　　B. 2年　　C. 3年　　D. 4年

7. SS型施工升降机评估合格最长有效期限为（　　）。

A. 1年　　B. 2年　　C. 3年　　D. 4年

8. 重要结构件是指建筑起重机械钢结构的（　　），因其失效可导致整机不安全的结构件。

A. 所有受力构件　　B. 所有构件　　C. 连接件　　D. 主要受力构件

9. 当建筑起重机械重要结构件外观有明显缺陷或疑问时采用（　　）。

A. 目测　　B. 直线度等形位偏差测量

C. 载荷试验　　D. 无损检测方法

10. 安全评估程序规定，设备组装调试完成后，应对设备进行（　　）。

A. 载荷试验　　B. 冲击试验　　C. 目测　　D. 标识

11. 应对安全评估后的建筑起重机械进行（　　）。

A. 唯一性标识　　B. 标识　　C. 试验　　D. 登记

12. 对重要结构件因锈蚀磨损引起壁厚减薄，当减薄量达到原壁厚（　　）时，应判为不合格。

A. 10%　　B. 20%　　C. 30%　　D. 40%

13. 水平臂变幅塔机小车导轨面锈蚀与磨损＞（　　）时，应判为不合格。

A. 10%　　B. 20%　　C. 30%　　D. 40%

14. 施工升降机导轨架标准节导轨面＞（　　）时，应判为不合格。

A. 10%　　B. 25%　　C. 30%　　D. 40%

15. 轴孔与销轴直径磨损变形量＞（　　）时，应判为不合格。

A. 1%　　B. 2%　　C. 3%　　D. 4%

16. 建筑起重机械（　　）表面发现裂纹的，该结构件应判为不合格。

A. 重要结构件　　B. 一般结构件　　C. 结构件　　D. 齿轮表面

17. 施工升降机的齿轮（　　）出现裂纹的，该齿轮应判为不合格。

A. 齿根处　　B. 齿顶处　　C. 各部位　　D. 齿轮表面

18. 施工升降机的齿条（　　）出现裂纹的，该齿条应判为不合格。

A. 齿根处　　B. 齿顶处　　C. 各部位　　D. 齿条表面

19. 建筑起重机械（　　）失去整体稳定时，该结构件应判为不合格。

A. 重要结构件　　B. 一般结构件　　C. 结构件　　D. 齿轮表面

二、多项选择题

1. 塔式起重机有下列情况之一的应进行安全评估（　　）。

A. 630kN·m 以下（不含 630kN·m）、出厂年限超过 10 年（不含 10 年）
B. 630～1250kN·m（不含 1250kN·m）、出厂年限超过 15 年（不含 15 年）
C. 1250kN·m 以上（含 1250kN·m）、出厂年限超过 20 年（不含 20 年）
D. 出厂年限超过 10 年（不含 10 年）
E. 出厂年限超过 20 年（不含 20 年）
2. 施工升降机有下列情况之一的应进行安全评估（　　）。
A. 出厂年限超过 8 年（不含 8 年）的 SC 型施工升降机
B. 出厂年限超过 5 年（不含 5 年）的 SS 型施工升降机
C. 出厂年限超过 8 年（不含 8 年）的
D. 出厂年限超过 10 年（不含 10 年）
E. 出厂年限超过 20 年（不含 20 年）
3. 建筑起重机械的安全评估内容有（　　）。
A. 对建筑起重机械的设计、制造情况进行了解
B. 对使用保养情况记录进行检查
C. 对钢结构的磨损、锈蚀、裂纹、变形等损失情况进行检查与测量
D. 按规定对整机安全性能进行载荷试验
E. 对整机进行运行监测
4. 建筑起重机械的安全评估适用于建筑工程使用的（　　）等建筑起重机械的安全评估。
A. 塔式起重机　　B. 施工升降机
C. 汽车式起重机　　D. 轮胎式起重机
E. 履带式起重机
5. 塔式起重机的重要结构件包括（　　）。
A. 塔身　　B. 起重臂　　C. 平衡臂（转台）
D. 附着装置　　E. 电气系统
6. 施工升降机的重要结构件包括（　　）。
A. 导轨架（标准节）　　B. 吊笼
C. 转台　　D. 附着装置　　E. 电气系统
7. 钢结构安全评估检测点的选择应包括（　　）。
A. 重要结构件关键受力部位
B. 高应力和低疲劳寿命区
C. 存在明显应力集中的部位
D. 外观有可见裂纹、严重锈蚀、磨损、变形等部位
E. 钢结构承受交变荷载、高应力区的焊接部位及其热影响区域等
8. 当出现（　　）情况之一时，塔式起重机整机应判为不合格。
A. 结构件锈蚀　　B. 结构件裂纹　　C. 结构件变形
D. 重要结构件检测有指标不合格的　　E. 有保证项目不合格的
9. 当出现（　　）情况之一时，施工升降机整机应判为不合格。
A. 结构件锈蚀　　B. 结构件裂纹　　C. 结构件变形
D. 重要结构件检测有指标不合格的　　E. 有保证项目不合格的

三、判断题（正确的在括号内填“A”，不正确的在括号内填“B”）

1. 超过一定使用年限的起重机械应由有资质评估机构评估合格后，方可继续使用。（　　）

2. 重要结构件是指建筑起重机械钢结构的受力构件。（　　）

3. 重要结构件检测指标均合格，保证项目全部合格的，可判定为整机合格。（　　）

4. 安全评估机构对设备进行安全评估判别，得出安全评估结论即可。（　　）

5. 对安全评估结论为不合格的建筑起重机械，应注明不合格的原因。（　　）

6. 安全评估机构应根据设备安全技术档案资料情况、检查检测结果等，依据有关标准要求，对设备进行安全评估判别，得出安全评估结论及有效期，并应出具安全评估报告。（　　）

7. 对重要结构件因锈蚀磨损引起壁厚减薄，当减薄量达到原壁厚8%时，应判为不合格；经计算或应力测试，对重要结构件的应力值超过原设计计算应力的10%时，应判为不合格。（　　）

四、案例题

某建筑工地进场1台800kN·m塔式起重机，机械员检查发现该塔式起重机机龄较长，出厂年限已达到16年，为安全起见，项目部要求产权单位提供该机安全评估合格报告。根据以上背景，请回答下列1～6问题：

1. 塔式起重机有下列情况之一的应进行安全评估（　　）。(单选题)

A. 630kN·m以下（不含630kN·m)、出厂年限超过6年

B. 630～1250kN·m（不含1250kN·m)、出厂年限超过8年

C. 1250kN·m以上（含1250kN·m)、出厂年限超过20年（不含20年）

D. 出厂年限超过10年（不含10年）

2. 630～1250kN·m（不含1250kN·m）塔式起重机评估合格最长有效期限为（　　）。(单选题)

A. 1年　　B. 2年　　C. 3年　　D. 4年

3. 安全评估程序规定，设备组装调试完成后，应对设备进行（　　）。(单选题)

A. 载荷试验　　B. 冲击试验　　C. 目测　　D. 标识

4. 塔式起重机的重要结构件包括（　　）。(多选题)

A. 塔身　　B. 起重臂　　C. 平衡臂（转台）

D. 附着装置　　E. 电气系统

5. 超过一定使用年限的起重机械应由评估机构评估合格后，方可继续使用。（　　）(判断题)

6. 对安全评估结论为不合格的建筑起重机械，应注明不合格的原因。（　　）(判断题)

第13章　机械设备的安全隐患

一、单项选择题

1. 任何事故都是有相互联系的多种因素共同作用的结果，说明事故具有（　　）的

特性。

A. 因果性　　B. 随机性　　C. 潜伏性　　D. 可预防性

2. 事故的（　　）特性说明，我们只要能及时发现建筑机械安装拆卸使用过程中的危险因素，事先加以防范与控制，就能有效地预防建筑机械安全事故的发生。

A. 因果性　　B. 随机性　　C. 潜伏性　　D. 可预防性

3. 因养护不良、驾驶操作不当，造成翻、倒、撞、堕、断、扭、烧、裂等情况，引起机械设备的损坏。这种事故属（　　）。

A. 责任事故　　B. 非责任事故　　C. 等级事故　　D. 大事故

4. 不属于正常磨损的机件损坏，属于（　　）。

A. 责任事故　　B. 非责任事故　　C. 等级事故　　D. 大事故

5. 因突然发生的自然灾害，如台风、地震、山洪、雪崩等确系意想不到、无法防范的客观因素造成的机械损坏，属于（　　）。

A. 责任事故　　B. 非责任事故　　C. 等级事故　　D. 大事故

6. 根据《特种设备安全监察条例》，下列属于特种设备较大事故的条款是（　　）。

A. 特种设备事故造成 10 人以上 30 人以下死亡，或者 50 人以上 100 人以下重伤，或者 5 000 万元以上 1 亿元以下直接经济损失的

B. 特种设备事故造成 3 人以上 10 人以下死亡，或者 10 人以上 50 人以下重伤，或者 1 000 万元以上 5 000 万元以下直接经济损失的

C. 特种设备事故造成 3 人以下死亡，或者 10 人以下重伤，或者 1 万元以上 1 000 万元以下直接经济损失的

D. 特种设备事故造成 30 人以上死亡，或者 100 人以上重伤（包括急性工业中毒，下同），或者 1 亿元以上直接经济损失的

7. 依据《特种设备安全监察条例》规定：起重机械主要受力结构件折断或者起升机构坠落的，属于特种设备（　　）事故。

A. 重大　　B. 特别重大　　C. 较大　　D. 一般

8. 依据《特种设备安全监察条例》规定：起重机械整体倾覆的属于特种设备（　　）事故。

A. 重大　　B. 特别重大　　C. 较大　　D. 一般

9.《生产安全事故报告与调查处理条例》规定：事故发生后，事故单位负责人应当于（　　）小时内向事故发生地县级以上人民政府安全生产监督管理部门和负有安全生产监督管理职责的有关部门报告。

A. 1　　B. 12　　C. 24　　D. 48

10. 未造成人员伤亡的一般事故，县级人民政府也（　　）委托事故发生单位组织事故调查组进行调查。

A. 必须　　B. 可以　　C. 严禁　　D. 根据情况

11. 建筑机械事故处理的关键在于正确地分析事故原因。一般事故和较大事故由（　　）组织有关人员进行现场分析。

A. 企业机械技术负责人　　B. 事故单位负责人

C. 机械管理部门负责人　　D. 安全部门负责人

12. 事故不论大小应如实上报，公司必须在（　　）小时内以书面形式逐级上报当地人民政府安全监督部门和负有安全监督责任的有关部门。

A. 1　　B. 12　　C. 24　　D. 48

13. 根据（　　）的原则，对企业各级领导、各职能部门，直到每个施工生产岗位上的职工，都要根据其工作性质和要求，明确规定对建筑机械安全的责任。

A. “管生产的同时必须管安全”　　B. “三不伤害”

C. “四不放过”　　D. “五同时”

14.《江苏省建筑施工安全质量标准化管理标准》规定：施工项目部应当配备国家及行业机械管理的规范、标准，（　　）组织机械操作人员学习与培训，提高机械操作人员业务素质。

A. 定期　　B. 不定期　　C. 定期和不定期　　D. 定期或不定期

15. 班组检查属于安全检查中的（　　）。

A. 日常检查　　B. 定期检查　　C. 季节性检查　　D. 节假日检查

16. 建筑机械季节性安全检查包括（　　）。

A. 针对各种气候特点的检查　　B. 国家法定节假日前后检查

C. 重大节庆活动前后组织的检查　　D. 每班检查

17. 生产安全事故应急救援预案是针对可能发生的事故，为迅速、有序地开展应急行动而（　　）制定的行动方案。

A. 事故发生后　　B. 事故发生时　　C. 预先　　D. 临时

18. 发现违章指挥、违章操作、违反劳动纪律行为应（　　）对检查出的事故隐患及时发出隐患整改通知单。

A. 立即报告机械管理员然后处理　　B. 立即报告项目负责人再处理

C. 当场纠正　　D. 事后处理

19. 在每年冰冻前的（　　）天，要布置和组织一次机械防冻检查，进行防冻教育，解决防冻设备，落实防冻措施。

A. 5～10　　B. 10～15　　C. 15～20　　D. 20～25

20. 每年雨季到来前（　　），对于在河下作业、水上作业和在低洼地施工或存放的机械，都要进行一次全面的检查。

A. 一周　　B. 半个月　　C. 一个月　　D. 一个半月

21. 下列（　　）是住房城乡建设部制定和颁发的安全技术标准，是机械安全运行、安全作业的重要保障。

A.《施工现场机械设备检查技术规程》

B.《建筑起重机安全评估技术规程》

C.《建筑机械使用安全技术规程》

D.《江苏省建筑工程施工机械安装质量检验规程》

22. 事故调查处理的最终目的是（　　）。

A. 最大限度地减少企业的损失　　B. 让更多的人接受事故教训

C. 举一反三，防止同类事故重复发生　　D. 处罚事故责任单位和责任者

23. 情况紧急时，事故现场有关人员（　　）直接向事故发生地县级以上人民政府安

全生产监督管理部门和负有安全生产监督管理职责的有关部门报告。

A. 必须　　B. 可以　　C. 不可以　　D. 严禁

24. 事故报告后出现新情况、事故造成的伤亡人数发生变化的，应当自事故发生之日起（　　）内，应当及时补报。

A. 7 日　　B. 15 日　　C. 30 日　　D. 60 日

25. 特种设备较大事故是指：（　　）。

A. 特种设备事故造成 30 人以上死亡

B. 特种设备事故造成 3 以上 10 人以下重伤（包括急性工业中毒）

C. 特种设备事故造成 5 000 万元以上 1 亿元以下直接经济损失的

D. 起重机械整体倾覆的

E. 起重机械主要受力结构件折断或者起升机构坠落的

二、多项选择题

1. 建筑机械事故与所有的生产安全事故一样具有（　　）的特点。

A. 因果性　　B. 随机性　　C. 潜伏性

D. 不可控性　　E. 可预防性

2. 建筑机械事故可以按照事故发生的性质划分为（　　）。

A. 责任事故　　B. 重伤事故　　C. 轻伤事故

D. 非责任事故　　E. 死亡事故

3. 按照事故造成损失程度可以将机械事故划分为（　　）。

A. 特别重大事故　　B. 重大事故　　C. 较大事故

D. 一般事故　　E. 轻伤事故

4.《生产安全事故报告与调查处理条例》规定：事故发生后，（　　）向事故发生地县级以上人民政府安全生产监督管理部门和负有安全生产监督管理职责的有关部门报告。

A. 事故现场有关人员应当立即向本单位负责人报告

B. 单位负责人接到报告后，应当于 1 小时内

C. 情况紧急时，事故现场有关人员可以直接

D. 事故报告后出现新情况的，事故造成的伤亡人数发生变化的，应当自事故发生之日起 7 日内及时补报。

E. 事故报告后出现新情况的，应当自事故发生之日起 30 日内及时补报。

5. 特种设备事故发生后，（　　）。

A. 事故现场有关人员应当立即向本单位负责人报告

B. 单位负责人接到报告后，应当于 1 小时内向事故发生地县级以上人民政府安全生产监督管理部门和负有安全生产监督管理职责的有关部门报告

C. 情况紧急时，事故现场有关人员可以直接向事故发生地县级以上人民政府安全生产监督管理部门和负有安全生产监督管理职责的有关部门报告

D. 事故发生单位同时要向事故发生地县以上特种设备安全监督管理部门报告

E. 属于工程总承包的，由总包单位、分包单位分别按程序向上报告

6. 施工企业应当按照（　　）的“四不放过”原则进行机械事故处理。

A. 发生安全事故后原因分析不清不放过

B. 事故责任者和群众没有受到教育不放过

C. 没有防范措施不放过

D. 事故责任者没有受到经济处罚不放过

E. 有关领导和责任者没有追究责任不放过

7. 落实建筑机械安全责任制，首先要组织落实，应做到（　　）。

A. 施工企业应建立设备综合管理体系

B. 施工企业设置了设备管理部门或人员、施工项目部就可以不配备设备管理员负责机械设备的管理工作

C. 施工企业与项目部应形成相互联系的机械安全管理网络

D. 各项机械管理的安全要求和责任要落实到各项制度规定中，落实到每个人的身上

E. 企业安全管理部门只要管施工生产的安全，不要管机械的安全

8. 建筑机械的安全检查形式很多，其中定期检查就包括（　　）等。

A. 施工企业季度检查　　B. 国家法定节假日检查

C. 分支机构（分公司）月度检查　　D. 项目部每周一次的检查

E. 巡回检查

9.《建筑起重机械安全监督管理规定》要求从事建筑机械设备尤其大型起重机械设备的（　　）均应根据各自施工特点制定相应的机械设备安全事故应急救援预案。

A. 出租单位　　B. 安装拆卸单位　　C. 使用单位

D. 总承包单位　　E. 监理单位

10. 对安全事故隐患整改要区别不同的事故隐患类型，按照（　　）的“三定”原则制定相应整改措施。

A. 定人员　　B. 定计划　　C. 定措施

D. 定期限　　E. 定资金

11. 发现即发生的重大事故隐患，应（　　）。

A. 采取可靠的防护措施　　B. 及时发出隐患整改通知单

C. 组织专人研究整改措施　　D. 当场予以纠正

E. 立即组织人员撤离危险现场

三、判断题（正确的在括号内填“A”，不正确的在括号内填“B”）

1. 从事故的特性分析，建筑机械安全事故是不可以事先防范的，是不可控的。（　　）

2. 原厂制造质量低劣而发生的机件损坏属于建筑机械责任事故。（　　）

3. 国务院《特种设备安全监察条例》依据特种设备安全事故所造成的人员伤亡和直接经济损失等情况，将事故分为责任事故和非责任事故两大类。（　　）

4. 国务院《特种设备安全监察条例》依照国务院第493号令《生产安全事故报告与调查处理条例》，根据特种设备安全事故所造成的人员伤亡和直接经济损失等情况，将事故分为四大类。（　　）

5. 事故调查组应当按照“实事求是、尊重科学”的原则进行事故调查。（　　）

6. 施工企业发生未遂事故，也应当组织相关人员进行调查分析，提出防范再次发生同类型事故的措施。（　　）

7. 施工企业当机械事故发生后，操作人员应立即向单位领导和机械主管人员报告。（　　）

8. 如涉及人身伤亡或有重大事故损失等情况，应首先组织抢救，防止事故扩大，以减少人员伤亡和财产损失。（　　）

9. 在处理机械事故过程中，对肇事者的处理，应贯彻教育为主、处罚为辅的原则。（　　）

10. 施工企业设置了设备管理部门或人员，施工项目部就可以不配备设备管理员负责机械设备的管理工作。（　　）

11. 整改是机械安全检查的重要组成部分，也是检查结果的归宿。（　　）

12. 建筑机械事故是指由于人的不安全行为、动作或者机械设备处于不安全状态所引起的、突然发生的、与人的意志相反且事先未能预料到的意外事件。（　　）

13. 机械事故发生后，如涉及人身伤亡或有扩大事故损失等情况，应视情况的紧迫程度，或首先组织抢救设备，或首先救人。（　　）

四、案例题

某区（县）一工地塔式起重机施工过程中出现吊物坠落伤人事故。接到事故报告后，施工单位主要负责人2小时后才向有关部门报告。经调查，该事故死亡1人，重伤1人，直接经济损失35万元。该施工单位对这起事故负有责任。根据以上背景，请回答下列1～6问题。

1. 按照机械事故的分类标准，此事故定为（　　）。（单选题）

A. 一般事故　　B. 较大事故　　C. 重大事故　　D. 特大事故

2. 事故发生单位主要负责人有迟报事故行为的，处上一年年收入（　　）的罚款。（单选题）

A. 10％～20％　　B. 20％～50％　　C. 40％～80％　　D. 60％～100％

3. 事故发生单位对事故发生负有责任的，依照规定处（　　）的罚款。（单选题）

A. 10万元以上20万元以下　　B. 20万元以上50万元以下

C. 50万元以上200万元以下　　D. 200万元以上500万元以下

4. 根据《建筑起重机械安全监督管理规定》建筑机械使用过程中应当（　　）。（多选题）

A. 在建筑起重机械活动范围内设置明显的安全警示标志

B. 对集中作业区做好安全防护

C. 指定专职设备管理人员进行现场监督检查

D. 指定专职安全生产管理人员进行现场监督检查

E. 建筑起重机械出现故障或者发生异常情况的，要立即消除故障和事故隐患，确保机械正常运转

5. 事故处理应按照“四不放过”的原则进行，并将事故的详细情况记入机械档案。（　　）（判断题）

6. 事故调查组应当遵照“实事求是，尊重科学”的原则进行事故调查。（　　）（判断题）

第14章　机械设备的统计台账

一、单项选择题

1. 机械台账记载的内容主要是机械的（　　）情况。

A. 动态　　B. 静态　　C. 变化　　D. 流动

2. 机械原始记录包括（　　）。

A. 机械使用记录和运输车辆使用记录　　B. 机械台账和机械购置记录

C. 机械登记卡片和机械台账　　D. 机械台账和机械统计报表

3. 机械原始记录要求由（　　）按实际工作小时如实填写。

A. 驾驶或操作人员　　B. 班组长

C. 设备管理人员　　D. 维修服务人员

4. 机械使用情况月报是一种机械统计报表，由机械使用部门根据（　　）按月汇总统计上报。

A. 机械台账　　B. 机械登记卡片

C. 机械使用原始记录　　D. 机械台班定额

5. 机械统计报表要求做到（　　）。

A. 认真、按时和完整　　B. 方便、及时和准确

C. 清晰、完整和及时　　D. 准确、及时和完整

6. 机械技术装备情况（年报）是反映企业（　　）的综合考核指标。

A. 机械化装备程度　　B. 机械设备完好率

C. 机械设备利用率　　D. 机械设备的使用情况

二、多项选择题

1. 机械台账是掌握企业机械资产状况，反映企业各类机械（　　）的主要依据。

A. 财务状况　　B. 拥有量　　C. 机械分布及变动情况

D. 机械的租赁情况　　E. 机械的完好程度

2. 下列建筑机械运行数据中，能及时准确地反映建筑机械运行状况、工作能力及任务情况的有（　　）。

A. 交接班记录　　B. 机械运转记录　　C. 机械完好率

D. 机械利用率　　E. 评比及奖惩记录

三、判断题（正确的在括号内填“A”，不正确的在括号内填“B”）

1. 机械台账由企业的机械设备管理部门建立和管理。（　　）

2. 机械运转工时应按机械进、出场日期如实填写，不得有水分。（　　）

3. 机械原始记录均按规定的表格填写，这样既便于机械统计，又能避免造成混乱。（　　）

4. 机械设备能耗定额是进行单机核算的参考依据。可根据不同的工况、机况进行现

场考核，在此定额基础上予以修订。（　　）

第15章　施工机械设备成本核算

一、单项选择题

1. 凡项目经理部拥有大、中型机械设备（　　）台以上，或按能耗计量规定单台能耗超过规定者，均应开展单机核算工作。

A. 2　　B. 5　　C. 8　　D. 10

2. 建筑机械经济分析的中心内容是（　　）。

A. 机械产量或完成台班数　　B. 机械使用情况的分析

C. 机械使用成本和利润的分析　　D. 机械经营管理工作的分析

3. 临时故障排除费可按各级保养（不包括例保辅料费）费用之和的（　　）计算。

A. 1%　　B. 2%　　C. 3%　　D. 4%

4. 因租用单位管理不善、计划不周等原因造成机械停置，收取的停置费为作业台班费的（　　）%。

A. 20　　B. 30　　C. 40　　D. 50

5. 机械设备使用的成本费分为可变费用和固定费用。以下选项属于可变费用的是（　　）。

A. 直接材料费　　B. 折旧费　　C. 机械管理费　　D. 投资应付利息

6. 以下不属于固定资产的是（　　）。

A. 耐用年限在一年以上

B. 单位价值在2000元以上

C. 单位价值在2000元以下的非主要劳动资料

D. 耐用年限超过两年的非生产经营的设备、物品

7. 按各年的折旧额先高后低，逐年递减的方法计提折旧的方法，称为（　　）。

A. 平均年限法　　B. 快速折旧法　　C. 工作量法　　D. 直线折旧法

8. 某施工企业花25万元购买SCD100/100施工升降机一台，预计使用年限为10年，机械残值率为5%，其年折旧率为（　　）%。

A. 8.5　　B. 9.0　　C. 9.5　　D. 1.0

9. 润滑油消耗定额一般按燃油消耗定额的（　　）计算。

A. 4%～5%　　B. 3%～4%　　C. 2%～3%　　D. 1%～2%

10. 施工机械台班单价是指一台施工机械，在正常运转条件下一个工作台班中所发生的（　　）。

A. 折旧费　　B. 大修理费　　C. 人工费　　D. 全部费用

11. 耐用总台班指施工机械（　　）使用的总台班数。

A. 当年　　B. 一个周期内

C. 上一次大修理至下一次修理间隔期内　　D. 从开始投入使用至报废前

12. 长期固定在班组的机械应选择（　　）内部租赁合同形式。

A. 实物工程量承包合同

B. 周期租赁合同

C. 一次性租赁合同

D. 以出入库单计算使用台班，作为结算依据

13. 承包实物量的建筑机械的租赁费结算办法是（　　）。

A. 按台班运转记录结算

B. 按实际完成实物量结算

C. 按月制度台日数的60%作为使用台日数计取

D. 根据出入库期间按日计取

14. 在机械使用年限内计提折旧时，平均地分摊折旧费用的方法，称为（　　）。

A. 平均年限法　　B. 快速折旧法

C. 工作量法　　D. 直线折旧法

15. 1993年财政部、建设部规定施工机械的折旧年限为（　　）年。

A. 6～8　　B. 8～10　　C. 8～12　　D. 10～12

16. 某企业新购置25t/m塔吊一台，购进价为18万元，设定折旧年限为8年，按直线折旧法计算，每年应提取折旧费为（　　）万元。（大型机械残值率5%）

A. 2.76　　B. 2.14　　C. 2.34　　D. 2.44

二、多项选择题

1. 机械单机核算方法可分为（　　）几种形式。

A. 单项核算　　B. 逐项核算　　C. 大修间隔期核算

D. 选项核算　　E. 寿命周期核算

2. 机械经济分析中比较法是运用最广泛的一种分析法，常用作比较的有（　　）。

A. 实际完成数与计划数或定额数比较

B. 本期完成数与上期完成数比较

C. 把若干个指标综合在一起进行比较

D. 与历史先进水平比较

E. 与同行业先进水平比较

3. 机械使用费指机械施工生产中所发生的费用，包括机械（　　）。

A. 折旧费　　B. 作业时所发生的机械使用费

C. 大修理费　　D. 安拆费

E. 场外运费

4. 班组核算与单机核算在项目核算中互为补充，结合起来运用，班组核算的内容主要有以下（　　）个方面。

A. 完成任务和收入

B. 本期完成数与上期完成数比较

C. 建筑机械的消耗支出

D. 采取改进措施

E. 与同行业先进水平比较

5. 单机大修理成本核算是由修理单位对大修竣工的机械按照修理定额中划分的项目，分项计算其实际成本。其中主要项目有（　　）。

A. 企业管理费　　B. 工具使用费　　C. 工时费

D. 配件材料费　　E. 油燃料及辅料

三、判断题（正确的在括号内填“A”，不正确的在括号内填“B”）

1. 按照固定资产的划分原则，建筑机械属于固定资产的，应按照固定资产的管理方法、模式进行管理。（　　）

2. 建筑机械是施工企业资产的重要组成部分，一般在企业的固定资产原值中占有较大比例。（　　）

3. 通过对企业固定资产净值与原值的对比，可以一般地了解该企业固定资产的平均新旧程度。（　　）

4. 机械使用费按核算单位可分为逐项、班组、项目部、公司等级别。（　　）

5. 单机逐项核算能较为准确地反映单机运行成本。（　　）

6. 单机大修理成本核算是由修理单位对大修竣工的机械按照修理定额中划分的项目，分项计算其实际成本。（　　）

7. 施工机械保养项目有定额的，可将实际发生的费用和定额相比，核算其盈亏数。（　　）

8. 对于没有定额的保养、维修项目，应包括在单机或班组核算中，采取维修承包的方式，以促进维修工与操作工密切配合，为降低或减少机械维修费用而共同努力。（　　）

9. 机械经济分析的中心内容是机械使用情况的分析。（　　）

10. 机械使用成本和利润的分析是机械经济分析的中心内容。（　　）

四、案例题

大学毕业生小王在某建筑工程公司设备部工作，负责施工机械管理。由于刚刚参加工作，他对一些建筑机械的业务内容不熟悉，需要给予指导。根据以上背景，请回答下列1～6问题：

1. 建筑机械统计报表共有（　　）种类。(单选题)

A. 3　　B. 4　　C. 5　　D. 6

2. 凡项目经理部拥有大、中型机械设备（　　）台以上，或按能耗计量规定单台能耗超过规定者，均应开展单机核算工作。(单选题)

A. 2　　B. 5　　C. 8　　D. 10

3. 机械使用费指机械施工生产中所发生的费用，下列费用中（　　）属于机械使用费。(单选题)

A. 折旧费　　B. 经常修理费　　C. 大修理费　　D. 安拆费

4. 机械单机核算方法可分为（　　）几种形式。(多选题)

A. 单项核算　　B. 逐项核算　　C. 大修间隔期核算

D. 选项核算　　E. 寿命周期核算

5. 机械使用费按核算单位可分为逐项、班组、项目部、公司等级别。（　　）(判断题)

6. 单机逐项核算能较为准确地反映单机运行成本。（　　）（判断题）

第 16 章　施工机械设备资料

一、单项选择题

1. 能够反映机械主要情况的基础资料是机械的（　　）。

A. 台账　　B. 清点表　　C. 登记卡片　　D. 档案

2. 能够掌握企业机械资产状况，反映企业各类机械的拥有量、机械分布及其变动情况的主要依据是机械的（　　）。

A. 台账　　B. 清点表　　C. 登记卡片　　D. 档案

3. 机械自购入（或自制）开始直到报废为止整个过程中的历史技术资料是指机械的（　　）。它能系统地反映机械物质形态的变化情况，是机械管理不可缺少的基础工作和科学依据。

A. 台账　　B. 技术档案　　C. 登记卡片　　D. 清点表

4. 下列应建立设备使用登记书的设备是（　　）。

A. 塔式起重机　　B. 混凝土搅拌机　　C. 打夯机　　D. 电焊机

5. 作为一种单机档案形式，由机械产权单位建立和管理，作为掌握使用情况、进行科学管理的依据的是施工机械的（　　）。

A. 台账　　B. 档案　　C. 清点表　　D. 履历书

6. 机械设备使用时必须建立使用登记书，主要记录设备使用状况和交接班情况，由机长负责运转的情况登记的是（　　）机械。

A. A类　　B. B类　　C. A、B类　　D. C类

7. 施工机械的原始记录应由（　　）人员填写。

A. 驾驶操作　　B. 机械管理　　C. 安全管理　　D. 维修技术

8. 《建筑施工安全检查标准》JGJ 59—2011 是对施工现场安全生产检查的重要依据，该标准按照控制程度、方式的不同，将机械设备安全运行的控制项目分为控制项目、一般项目，其中控制项目共有（　　）项。

A. 5　　B. 6　　C. 7　　D. 8

二、多项选择题

1. 施工机械的原始证明资料包括（　　）等。

A. 购销合同　　B. 制造许可证　　C. 使用记录

D. 维修台账　　E. 产品合格证

2. 进口施工机械的原始证明资料包括（　　）等。

A. 购销合同　　B. 原产地证明　　C. 商检证明

D. 维修台账　　E. 产品合格证

3. 机械盘点中要查对实物，核实分布情况及价值，做到三相符（　　）。

A. 台账　　B. 档案　　C. 卡片

D. 实物　　　　　E. 清单

三、判断题（正确的在括号内填“A”，不正确的在括号内填“B”）

1. 施工机械资产管理的基础资料包括：机械登记卡片、机械台账、机械清点表和机械档案等。（　　）

2. 在施工现场，对施工机械安全生产检查并做好检查记录，是项目安全管理人员的首要职责，必须认真履行。（　　）

3. 施工现场使用的建筑起重机械应在醒目部位悬挂使用登记证明。（　　）

四、案例题

施工机械是企业重要的生产资料，企业应建立、收集、整理相关施工机械安全技术档案，满足企业自身管理需要，国家监管部门均需要查验相应设备的档案资料。请根据以上背景，回答下列1～6题。

1. 建筑起重机械进入施工现场时，应提供的相关证明文件中不包括（　　）。（单选题）

A. 建筑起重机械材质化验证明　　B. 特种设备制造许可证

C. 产品合格证　　D. 备案证明

2. 能够掌握企业机械资产状况，反映企业各类机械的拥有量、机械分布及其变动情况的主要依据是机械的（　　）。（单选题）

A. 台账　　B. 清点表　　C. 登记卡片　　D. 档案

3. 施工机械的原始记录应由（　　）人员填写。（单选题）

A. 驾驶操作　　B. 机械管理　　C. 安全管理　　D. 维修技术

4. 施工机械档案分类方式按档案资料的功能分有（　　）资料。（多选题）

A. 资产管理　　B. 经济管理　　C. 技术管理

D. 安全使用　　E. 安全管理

5. 施工机械资产管理的基础资料包括：机械登记卡片、机械台账、机械清点表和机械档案等。（　　）（判断题）

6. 在施工现场，对施工机械安全生产检查并做好检查记录，是项目安全管理人员的首要职责，必须认真履行。（　　）（判断题）

三、参 考 答 案

第1章　参 考 答 案

（一）单项选择题

1. C；2. A；3. A；4. A；5. A；6. A；7. A；8. A；9. C；10. A；11. A；12. A；13. A；14. A；15. A；16. A；17. D；18. D；19. B；20. A；21. A；22. A；23. A；24. A；25. A；26. A；27. A；28. A；29. A；30. A；31. A；32. A；33. A；34. A；35. A；36. A；37. A；38. A；39. A；40. A；41. A；42. A；43. A；44. A；45. A；46. A；47. A；48. A；49. A；50. A；51. A；52. A；53. A；54. A；55. A；56. A；57. A；58. B；59. D；60. D；61. D；62. D

（二）多项选择题

1. ABCD；2. AB；3. AB；4. ABCD；5. AB；6. AB；7. ABC；8. ABC；9. ABCD；10. ABCD；11. AB；12. AD；13. ABC；14. ABCE；15. ABCE；16. AB

（三）判断题

1. B；2. B；3. B；4. A；5. B；6. B；7. B；8. B；9. B；10. B；11. A；12. B；13. A；14. A；15. A；16. A；17. A；18. A；19. A；20. A；21. B；22. A；23. A；24. B；25. A；26. A；27. A；28. A；29. A；30. A；31. A

第2章　参 考 答 案

（一）单项选择题

1. A；2. A；3. A；4. A；5. A；6. A；7. A；8. A；9. A；10. A；11. A；12. A；13. A；14. A；15. A；16. B；17. D；18. A；19. B；20. C；21. D；22. A；23. A；24. A；25. A；26. A；27. B；28. C；29. B；30. A；31. A；32. A；33. A；34. A；35. A；36. A；37. A；38. B

（二）多项选择题

1. BCDE；2. ABC；3. ABCD；4. ABC；5. ABDE；6. ABCD；7. ABCD；8. ABC；9. ACDE；10. ABCD；11. ABCD；12. ABCD；13. ABCD；14. ABC；15. CDE

(三) 判断题

1. B；2. B；3. B；4. A；5. A；6. B；7. A；8. A；9. A；10. A；11. A；12. A；13. A；14. B；15. A；16. A；17. A；18. A；19. A

(四) 计算题或案例分析题

1. A；2. A；3. C；4. ABCD；5. A；6. B

第3章 参考答案

(一) 单项选择题

1. A； 2. B； 3. B； 4. B； 5. D； 6. C； 7. B； 8. C； 9. A； 10. D； 11. C； 12. A；13. C；14. D

(二) 多项选择题

1. ABE；2. ABC；3. ABC

(三) 判断题

1. A；2. A；3. B；4. B；5. B；6. A；7. A；8. A

(四) 计算或案例分析题

1. A；2. B；3. B；4. ABC；5. B；6. A

第4章 参考答案

(一) 单项选择题

1. D；2. B；3. D；4. C；5. A；6. D；7. B；8. C；9. D；10. A；11. C；12. C；13. A；14. D；15. D；16. C；17. D；18. A

(二) 多项选择题

1. ABC；2. ADE；3. ABC；4. ABCD；5. ABCD

(三) 判断题

1. A；2. B；3. A；4. A；5. B；6. B；7. B；8. A；9. A；10. A；11. A；12. A

(四) 计算题或案例分析题

1. A；2. A；3. D；4. ABC；5. A；6. B

第5章　参考答案

（一）单项选择题

1. C；2. B；3. A；4. A；5. A；6. A；7. D；8. D；9. A；10. C；11. B；12. B；13. A；14. A；15. D；16. B

（二）多项选择题

1. AB；2. BCD；3. ABC；4. ABCE；5. CDE

（三）判断题

1. A；2. B；3. B；4. A；5. A；6. B；7. A；8. A；9. A；10. A；11. A

（四）计算题或案例分析题

1. A；2. A；3. C；4. AB；5. A；6. B

第6章　参考答案

（一）单项选择题

1. A；2. D；3. A；4. D；5. B；6. A；7. A；8. B；9. B；10. A；11. C；12. A；13. B；14. C；15. A；16. A；17. A；18. B；19. C；20. A；21. A；22. A；23. C；24. B；25. A；26. C；27. C；28. C；29. A；30. B；31. C；32. C；33. C；34. A；35. A；36. A；37. B；38. C；39. C；40. C；41. A；42. A；43. A；44. B；45. C；46. C；47. C；48. A；49. A；50. A；51. A；52. B；53. A；54. A；55. A；56. A；57. A

（二）多项选择题

1. BCDE；2. ABCD；3. ABD；4. ABDE；5. BCD；6. BC；7. BCDE；8. ABE；9. ACE；10. ABCE

（三）判断题

1. B；2. A；3. A；4. A；5. A；6. B；7. A；8. B；9. A；10. B；11. B；12. A；13. A；14. A；15. B；16. A；17. A；18. A；19. A；20. A；21. A；22. A；23. B；24. A；25. A；26. A；27. B；28. B；29. A；30. A

（四）计算题或案例分析题

1. C；2. C；3. C；4. ABCD；5. A；6. A

第7章　参考答案

(一) 单项选择题

1. D；2. A；3. B；4. C；5. A；6. D；7. A；8. C；9. B；10. A；11. B；12. C；13. D；14. B；15. C；16. C

(二) 多项选择题

1. ABDE；2. ABDE；3. BCE

(三) 判断题

1. A；2. B；3. A；4. B；5. A；6. B；7. B；8. A

(四) 案例题

1. B；2. A；3. C；4. ABDE；5. A；6. A

第8章　参考答案

(一) 单项选择题

1. A；2. B；3. C；4. A；5. C；6. B；7. A；8. D；9. A；10. D；11. D；12. A；13. D；14. C；15. A；16. D；17. A；18. B；19. C；20. A；21. D；22. C；23. B；24. B

(二) 多项选择题

1. ABC；2. ADE；3. ABCD；4. ABC

(三) 判断题

1. B；2. A；3. A；4. B；5. B；6. B；7. B；8. B；9. B；10. A；11. B；12. A

(四) 案例题

1. C；2. A；3. C；4. ABCD；5. A；6. B

第9章　参考答案

(一) 单项选择题

1. B；2. B；3. A；4. C；5. A；6. A；7. D；8. D；9. A；10. D；11. B；12. A；13. A；14. A；15. A；16. A；17. D；18. A；19. A；20. D；21. A；22. A；23. A；24. C

(二) 多项选择题

1. ABC；2. BCD；3. ABC；4. CDE

(三) 判断题

1. B；2. B；3. B；4. B；5. A；6. B；7. A；8. B；9. A；10. B；11. B；12. B；13. B

(四) 案例题

1. A；2. B；3. D；4. AB；5. A；6. B

第10章　参 考 答 案

(一) 单项选择题

1. A；2. D；3. D；4. A；5. B；6. C

(二) 多项选择题

1. BD

(三) 判断题

1. B；2. B；3. A

(四) 案例题

1. B；2. D；3. A；4. ABCD；5. B；6. A

第11章　参 考 答 案

(一) 单项选择题

1. B；2. C；3. A；4. B；5. B；6. B；7. B；8. C；9. D；10. C；11. D；12. B；13. B；14. C；15. A；16. C；17. A；18. B；19. D；20. B；21. C；22. B；23. D；24. A

(二) 多项选择题

1. ABCE；2. BCDE；3. ABDE；4. ABE

(三) 判断题

1. B；2. B；3. B；4. B；5. A；6. B；7. B；8. A；9. A；10. B；11. A；12. A

(四) 案例题

1. A；2. C；3. C；4. ABCE；5. A；6. A

第12章　参考答案

(一) 单项选择题

1. D；2. D；3. A；4. B；5. C；6. B；7. A；8. D；9. D；10. A；11. A；12. A；13. C；14. B；15. C；16. A；17. A；18. A；19. A

(二) 多项选择题

1. ABC；2. AB；3. ABCD；4. AB；5. ABCD；6. ABD；7. ABCD；8. DE；9. DE

(三) 判断题

1. A；2. B；3. A；4. B；5. A；6. A；7. B

(四) 案例题

1. C；2. B；3. A；4. ABCD；5. B；6. A

第13章　参考答案

(一) 单项选择题

1. A；2. D；3. A；4. A；5. B；6. B；7. D；8. C；9. A；10. B；11. B；12. C；13. A；14. A；15. A；16. A；17. C；18. C；19. C；20. C；21. C；22. C；23. B；24. C；25. D

(二) 多项选择题

1. ABCE；2. AD；3. ABCD；4. ABCE；5. ABCD；6. ABCE；7. ACD；8. ACD；9. BC；10. ACD；11. AE

(三) 判断题

1. B；2. B；3. B；4. A；5. A；6. A；7. B；8. A；9. A；10. B；11. A；12. A；13. B

(四) 案例题

1. A；2. C；3. A；4. ABCD；5. A；6. A

第14章　参考答案

(一) 单项选择题

1. B；2. A；3. A；4. C；5. D；6. A

（二）多项选择题

1. BC；2. ABCD

（三）判断题

1. A；2. B；3. A；4. A

第15章 参考答案

（一）单项选择题

1. D；2. A；3. C；4. D；5. A；6. C；7. B；8. C；9. C；10. D；11. D；12. C；13. B；14. A；15. C；16. B

（二）多项选择题

1. BCDE；2. ABDE；3. BDE；4. ACD；5. CDE

（三）判断题

1. A；2. A；3. A；4. B；5. B；6. A；7. A；8. B；9. B；10. A

（四）案例题

1. B；2. D；3. D；4. BCDE；5. B；6. B

第16章 参考答案

（一）单项选择题

1. C；2. D；3. B；4. A；5. D；6. C；7. A；8. D

（二）多项选择题

1. ABE；2. ABCE；3. ACD

（三）判断题

1. B；2. B；3. A

（四）案例题

1. A；2. D；3. A；4；BCE；5. B；6. B

第三部分

模 拟 试 题

××年江苏省建设专业管理人员统一考试
机械员试卷

注意：1. 本试卷岗位代码为“06”，专业代码为“0”，请考生务必将此代码填涂在答题卡“岗位代码”、“专业代码”相应的栏目内，否则，无法评分。

2. 指定用笔：答题卡涂黑用2B铅笔。

3. 必须使用指定用笔作答。使用非指定用笔的答题无效。答题卡填涂如有改动，必须用橡皮擦净痕迹，以免电脑阅卷时误读。

4. 本卷均为客观题，分《专业基础知识》和《专业管理实务》两部分，总分150分，考试时间3小时。

5. 本试卷全卷连续编号。请按题型指导语选择正确答案，并按题号在答题卡上将所选对应的字母用2B铅笔涂黑。

6. 在试卷上作答无效。

7. 草稿纸不再另发，可以用试卷作草稿纸。

第一部分　专业基础知识（共60分）

一、单项选择题（以下各题的备选答案中都只有一个是最符合题意的，请将其选出，并在答题卡上将对应题号的相应字母涂黑。共40题，每题0.5分，共20分）

1. 对于A0、A1、A2、A3和A4幅面的图纸，正确的说法是（　　）。

A. A1幅面是A0幅面的对开　　B. A0幅面是A1幅面的对开

C. A2幅面是A0幅面的对开　　D. A0幅面是A2幅面的对开

2. 视图中圆的直径标注，应当采用（　　）。

A. 数字前加 D　　B. 数字前加 R　　C. 数字前加 ϕ　　D. 直接写数字

3. 带有箭头并与尺寸界线相垂直的线叫（　　）。

A. 轴线　　B. 轮廓线　　C. 中心线　　D. 尺寸线

4. 孔的实际尺寸小于轴的实际尺寸，他们形成的配合叫做（　　）。

A. 动配合　　B. 静配合　　C. 过渡配合　　D. 间隙配合

5. 牙型代号（　　）表示螺纹的牙型为梯形。

A. M　　B. Tr　　C. S　　D. T

6. （　　）围成的曲面体称为回转体。

A. 全部由曲面　　B. 由曲面和平面共同

C. 由回转面　　D. 全部由平面

7. （　　）不属于形状公差项目。

A. 直线度　　B. 对称度　　C. 平面度　　D. 圆柱度

8. 金属材料的性能包括金属材料的使用性能和工艺性能。下列性能中不属于使用性能的是（　　）。

A. 强度　　B. 硬度　　C. 冲击韧性　　D. 焊接性能

9. 高碳钢的含碳量（　　）。

A. 大于0.25%　　B. 大于0.40%　　C. 小于0.60%　　D. 大于0.60%

10. （　　）不是陶瓷的特性。

A. 硬度高、抗拉强度高、耐磨性好

B. 具有很高的耐热性、抗氧化性和耐蚀性

C. 绝缘性好，热膨胀系数小

D. 塑性、韧性极差，是一种脆性材料

11. 一个构件在二力作用下处于平衡时，此二力一定大小相等、方向相反并作用在（　　）。

A. 同一直线上　　B. 水平方向上　　C. 竖直方向上　　D. 相向的方向上

12. 平面平行力系只有（　　）个独立的平衡方程。

A. 1　　B. 2　　C. 3　　D. 4

13. 柴油机的功率、扭矩、耗油率等指标随转速变化的关系称为柴油机的（　　）。

A. 负荷特性　　B. 调速特性　　C. 速度特性　　D. 运行特性

14. （　　）具有自锁性能。

A. 皮带传动　　B. 齿轮传动　　C. 链条传动　　D. 蜗杆传动

15. （　　）转动副相连的平面四杆机构，称为铰链四连杆机构。

A. 四个　　B. 三个　　C. 二个　　D. 一个

16. （　　）只承受弯矩作用。

A. 心轴　　B. 传动轴　　C. 转轴　　D. 挠性轴

17. 起重机的金属结构、轨道及所有电气设备的金属外壳，应有可靠的接地装置、接地电阻不应大于（　　）。

A. 4Ω　　B. 6Ω　　C. 8Ω　　D. 10Ω

18. 施工电梯操作达到（　　）应该进行一级保养。

A. 48h　　B. 72h　　C. 120h　　D. 160h

19. 水磨石机宜在混凝土达到设计强度（　　）时方可进行磨削作业。

A. 60%～70%　　B. 65%～70%　　C. 70%～80%　　D. 75%～80%

20. 起重机安装过程中，必须分阶段进行（　　）。

A. 安全检查　　B. 技术检验　　C. 安装抽查　　D. 质量检查

21. 自动探钎仪打钎机控制系统共有（　　）个深度计数，合计深度为200cm。

A. 1　　B. 2　　C. 3　　D. 4

22. 顶升压桩机时，四个顶升缸应两个一组交替动作，每次行程不得超过（　　）mm。当单个顶升缸动作时，行程不得超过50mm。

A. 90　　B. 100　　C. 120　　D. 150

23. 新安装或转移工地重新安装以及经过大修后的升降机，在投入使用前，必须经过（　　）试验。

A. 载重　　B. 制动　　C. 防坠　　D. 坠落

24. 灰气联合泵工作中要注意压力表的压力，超压时应及时停机，打开（　　）查明原因，排除故障后再启动机械。

A. 进浆口　　B. 出浆口　　C. 泄浆阀　　D. 进浆阀

25. 盾构机在工作时可能要承受（　　）。

A. 地下风压　　B. 地下水压　　C. 地上机载　　D. 地下静压

26. 卡特的新型 H180DS 液压破碎器的工作质量为（　　）kg。

A. 1300　　B. 2600　　C. 3900　　D. 5200

27. DZQ-P-56 自动打钎机的特点不包括（　　）。

A. 人工操作时，不需对夯击力统一的控制

B. 通过计算机系统对夯击深度进行检测

C. 能避免人工计数和测量的误差

D. 能保证计数和测量数据的客观和准确

28. 开胸式切削盾构，气压式盾构，泥水加压盾构，土压平衡盾构，混合型盾构，异型盾构都是属于（　　）。

A. 掘式盾构　　B. 挤压式盾构　　C. 半机械式盾构　　D. 机械式盾构

29. 不是机械施工设计的主要内容是（　　）。

A. 熟悉工程概况与设计文件，进行调查研究

B. 确定施工部署，分配施工任务

C. 绘制竣工平面图

D. 编制材料、配件、劳力、运输工具等需用量计划

30. （　　）级风以上应停止起重机的爬升作业。

A. 三　　B. 四　　C. 五　　D. 六

31. 反铲挖掘机的（　　）适于一次成沟后退挖土，挖出土方随即运走时采用，或就地取土填筑路基或修筑堤坝等。

A. 沟端开挖法　　B. 沟侧开挖法　　C. 多层接力开挖法　　D. 沟角开挖法

32. 并肩作业推土机刀片之间的距离为（　　）。

A. 0.0～0.1m　　B. 0.1～0.2m　　C. 0.2～0.3m　　D. 0.3～0.4m

33. （　　）不归属措施项目清单之中。

A. 预留金　　B. 脚手架搭拆费　　C. 环境保护费　　D. 夜间施工费

34. 项目管理的管理对象是项目，管理的方式是（　　）管理。

A. 目标　　B. 人员　　C. 材料　　D. 设备

35. （　　）负责施工机械设备常规维护保养支出的统计、核算、报批。

A. 机械员　　B. 项目经理　　C. 企业法人　　D. 资料员

36. 安装工程费中，（　　）属于间接费的项目。

A. 直接工程费　　B. 措施费　　C. 企业管理费　　D. 税金

37. 项目经理须有资格要求和具有号召力，但（　　）不是必须要求的能力。

A. 具有很好的交流能力　　B. 具有良好影响力

C. 具有很好的英语表达能力　　D. 具有应变能力

38. 下列不属于部门规章的是：(　　)。

A. 建设工程安全生产管理条例

B. 建筑起重机械安全监督管理规定

C. 建设工程施工现场管理规定

D. 建筑施工企业安全生产许可证管理规定

39.《建设工程安全生产管理条例》规定，施工单位采购、租赁的安全防护用具、机械设备、施工机具及配件，应当具有（　　），并在进入施工现场前进行查验。

A. 生产（制造）许可证、制造监督检验证明

B. 生产（制造）许可证、产品合格证

C. 产品合格证、自检合格证

D. 制造监督检验证明、自检合格证

40. 根据《江苏省建筑施工起重机械设备安全监督管理规定》，从事起重机械设备安装的作业人员及管理人员，应当经（　　）考核合格，取得建筑起重机械设备作业人员证书，方可从事相应的作业或管理工作。

A. 省级劳动人事主管部门　　B. 省级建设行政主管部门

C. 省级安全生产监督主管部门　　D. 省级技术监督主管部门

二、多项选择题（以下各题的备选答案中都只有两个或两个以上是最符合题意的，请将它们选出，并在答题卡上将对应题号的相应字母涂黑。多选、少选、选错均不得分。共 20 题，每题 1 分，共 20 分）

41. 在机械图中，下列线型用 $b/2$ 宽度的有（　　）。

A. 尺寸线　　B. 虚线　　C. 对称线

D. 中心线　　E. 轮廓线

42. 主视图反映物体的（　　）。

A. 长度　　B. 高度　　C. 宽度

D. X 方向　　E. Y 方向

43. 偏差是一个（　　）值。

A. 可为零　　B. 没有正　　C. 可为正的

D. 没有负　　E. 可为负的

44. 洛氏硬度试验法与布氏硬度试验法相比有（　　）应用特点。

A. 操作简单

B. 压痕小，不能损伤工件表面

C. 测量范围广

D. 当测量组织不均匀的金属材料时，其准确性比布氏硬度高

E. 主要应用于硬质合金、有色金属、退火或正火钢、调质钢、淬火钢等

45. 广泛应用于建筑工程中的普通混凝土与其他材料相比混凝土有许多优点：(　　)等。

A. 原材料资源丰富　　B. 价格低廉

C. 耐贮存　　D. 强度高、耐久性好

E. 与钢筋粘结力牢固

46. 平面一般力系平衡的必要与充分条件为（　　）。

A. $F'_R=0$　　B. $M_O=0$　　C. $F'_R\neq0$

D. $M_O\neq0$　　E. $F'_R\neq0$，$M_O\neq0$

47. 四行程柴油机的一个完整的工作循环包括（　　）行程。

A. 进气　　B. 燃烧　　C. 压缩

D. 做功　　E. 排气

48. 常见轮齿失效形式有（　　）。

A. 轮齿的疲劳点蚀　　B. 齿面磨损　　C. 模数变化

D. 轮齿折断　　E. 塑性变形

49. 滚动轴承润滑的目的在于（　　）。

A. 增大摩擦阻力　　B. 降低磨损　　C. 加速吸振

D. 冷却　　E. 防锈

50. 拆装人员进入现场时，应（　　）。

A. 持有有效的特种作业操作证　　B. 穿戴安全保护用品

C. 高处作业时应系好安全带　　D. 熟悉并认真执行拆装工艺和操作规程

E. 发现异常情况或疑难问题时，及时处理

51. 水磨石机使用的电缆线应达到下列要求（　　）。

A. 离地架设　　B. 不得放在地面上拖动

C. 采用截面 1.5mm^2 的绝缘多股铜线　　D. 电缆线应无破损

E. 保护接地良好

52. 采用高强度螺栓连接时，应采用（　　），并应按装配技术要求拧紧。

A. 扭矩扳手　　B. 专用扳手　　C. 活动扳手

D. 套筒扳手　　E. 六角扳手

53. 在（　　）的情况下，用盾构机施工更为经济合理。

A. 隧洞洞线较短　　B. 隧洞洞线较长　　C. 埋深较大

D. 埋深较小　　E. 施工工期短

54. 履带装载机由于对地面的接地比压要比其他装载机小得多，它适宜在（　　）作业。

A. 水泥地　　B. 砂砾地　　C. 软草地

D. 沼泽地　　E. 任意

55. 提高机械施工水平的基本措施有（　　）等。

A. 制订出最佳施工方案

B. 采用最佳机械配套方案进行施工

C. 减少施工工艺，合并工序

D. 广泛采用新技术，推广高效能的建筑机械

E. 设立专门的研究机构对建筑机械化发展中可能出现的各种问题进行研究

56. QT_1-6 型塔式起重机的旋转法安装程序内容有（　　）。

A. 轨道铺设　　B. 调整高度　　C. 地锚埋设

D. 设置安装架　　　E. 塔机安装

57. 减少推土机推土过程中的土方损失的措施是（　　）。

A. 在推土板两侧加装侧板　　　B. 采用并肩作业法

C. 缩短工作循环时间　　　D. 采用槽式运土法

E. 采用多刀推土法

58. 定额是确定工程造价和物资消耗数量的主要依据，应具有（　　）性质。

A. 定额的稳定性与时效性　　　B. 定额的先进性与合理性

C. 定额的连续性与阶段性　　　D. 定额的法令性与灵活性

E. 定额的科学性与群众性

59. 分部分项工程量清单项目表的编制内容主要有（　　）等。

A. 项目编号的确定　　　B. 项目名称的确定

C. 工程内容的描述　　　D. 计量单位的选定

E. 工程量的计算

60. 根据《建筑施工特种作业人员管理规定》，特种作业人员在资格证书有效期内，有下列情形之一的，延期复核结果为不合格（　　）。

A. 超过相关工种规定年龄要求的

B. 2 年内违章操作记录达 2 次（含 2 次）以上的

C. 身体健康状况不再适应相应特种作业岗位的

D. 未按规定参加年度安全教育培训或者继续教育的

E. 对生产安全事故负有责任的

三、判断题（判断下列各题对错，并在答题卡上将对应题号的相应字母涂黑。正确的填 A，错误的填 B，共 16 题，每题 0.5 分，共 8 分）

61. 角度尺寸数字注写朝向和其他不一样，应水平书写。（　　）

62. 公差可以为零。（　　）

63. 在建筑平面图上编号的次序是横向自左向右用阿拉伯数字编写，竖向自上而下用大写拉丁字母编写。（　　）

64. 金属陶瓷是将金属颗粒均匀分布在陶瓷基体中，使两者复合在一起的材料。（　　）

65. 平面汇交力系的合力对平面上任一点力矩，应等于力系中各分力对于同一点力矩的代数和。（　　）

66. 使用同一台变压器的多台电动机，要由小到大逐一启动，不可几台同时启动。（　　）

67. 普通螺栓连接是依靠螺栓光杆部分承受剪切和挤压来传递横向载荷的。（　　）

68. 当螺旋钻孔机钻机发出下钻限位报警信号时，应停钻，并将钻杆稍稍提升，待解除报警信号后，方可继续下钻。（　　）

69. 锚固装置的安装、拆卸、检查和调整，均应有专人负责，工作时应系安全带和戴安全帽，并应遵守高处作业有关安全操作的规定。（　　）

70. 螺旋钻孔机作业中，当需改变钻杆回转方向时，应待钻杆完全停转后再进行。（　　）

71. 大型 5110 拆除挖掘机在转移工地时会需要 3 台平板挂车来运输。 （　）

72. 设备完好率和设备利用率具有相同的概念。 （　）

73. 反铲主要用于挖掘停机面以上的工作面；正铲主要用于挖掘停机面以下的工作面。 （　）

74. 综合单价适用于分部分项工程量清单，不适用于措施项目清单、其他项目清单等。 （　）

75. 范围管理在工程项目建设周期的各个阶段的内容是不同的。 （　）

76.《建筑起重机械安全监督管理规定》实行施工总承包的工程，建筑起重机械安装完毕后，应当由施工总承包单位和分包单位共同组织验收。 （　）

四、计算题或案例分析题（请将以下各题的正确答案选出，并在答题卡上将对应题号后的相应字母涂黑。共 2 大题 8 小题，每题 1.5 分，共 12 分）

（一）机械员不仅要看懂机械图，看懂建筑总平面图和建筑施工图的基本知识也是机械员进行机械施工不可缺少的内容。试问：

77. 建筑总平面图中的距离、标高及坐标尺寸宜以米为单位。（　）（判断题）

78. 图样的比例指图形与实物对应要素的线性尺寸之比。（　）（判断题）

79. 表面粗糙度增大对质量的影响有（　）。（多选题）

A. 使零件的抗腐蚀性下降　　B. 零件的加工费用下降

C. 使零件强度极限下降　　D. 使零件耐磨性下降

E. 还会使零件配合的紧密性、不透气性以及导热性下降。

80. （　）属于形状公差项目。（多选题）

A. 直线度　　B. 同轴度　　C. 平面度

D. 圆柱度　　E. 对称度

（二）工地上有一台设备需要吊装。设备运输、吊装重量 5000kg，外形尺寸（长×宽×高）为 4521×1015×2112。设备安装在二楼平台上，二楼楼面标高为 6m。工地土质为硬质黏土，建筑物四周无障碍物。请根据附表图“QY25 型液压汽车起重机性能表”，合理选择起重机工况。

QY25 型液压汽车起重机性能表（单位：t）

支腿全伸：后方和侧方作业

支腿全伸＋第五支腿：360°作业

工作幅度(m)	主臂(m)					主＋副臂(m)
	10.0	15.25	20.5	25.75	31.0	31.0＋8.0
3.0	25					
4.0	18.9	14.5				
6.0	13.5	12.5	9.5	7.5		
8.0	8.8	8.5	7.85	7.1	5.8	
10.0		5.6	6.0	5.6	4.85	2.5
14.0			3.2	3.2	3.2	2.05
18.0			1.6	1.85	2.05	1.7
20.0				1.3	1.6	1.5
24.0					0.85	1.0
28.0					0.4	0.5
32.0						0.3

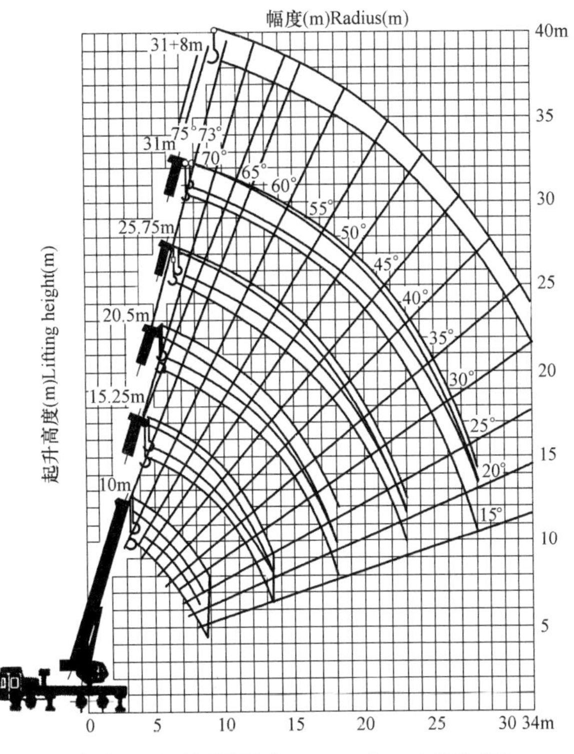

81. 本工程优选液压汽车起重机的原因有（　　）。(多选题)

A. 施工现场土质较好　　B. 工期较短，只有一台需吊装的设备

C. 液压汽车起重机进退场方便　　D. 费用最低

E. 维修方便

82. 取动载荷系数为 1.1，千斤绳等起重机具重量为 100kg，吊装设备的计算总重量为（　　）。(单选题)

A. 5610kg　　B. 5000kg　　C. 5500kg　　D. 5100kg

83. 起重机使用时，应合理选择（　　）。(多选题)

A. 起重机臂长　　B. 工作幅度（回转半径）

C. 起重量　　D. 车身长度

E. 支腿形式

84. 根据液压汽车起重机性能表，合理选择起重性能（　　）。(单选题)

A. 工作幅度 8m，主臂长度 15.25m　　B. 工作幅度 10m，主臂长度 15.25m

C. 工作幅度 14m，主臂长度 25.75m　　D. 工作幅度 3m，主臂长度 10m

第二部分　专业管理实务（共 90 分）

一、单项选择题（以下各题的备选答案中都只有一个是最符合题意的，请将其选出，并在答题卡上将对应题号的相应字母涂黑。共 30 题，每题 1 分，共 30 分）

85. 电路是由（　　）组成的。

A. 电源、导线和负载

B. 导线、控制器和负载

C. 电源、导线、负载和控制器

D. 电源、导线和控制器

86. 电路（　　）状态时，电流为零，负载不工作。

A. 短路　　B. 通路　　C. 开路　　D. 闭路

87. 对于额定功率小于（　　）kW 异步电动机是允许直接启动的。

A. 5　　B. 5.5　　C. 6.5　　D. 7.5

88. 建筑工地一般采用（　　）供电系统。

A. 单相三线制　　B. 三相三线制　　C. 三相四线制　　D. 三相五线制

89. 低压电的安全中，严禁用同一个开关电器直接控制（　　）台以上的用电设备（含插座）。

A. 1　　B. 2　　C. 3　　D. 4

90. 照明线路选择熔丝时，其额定电流应不大于（　　）倍的负荷电流。

A. 1.5　　B. 2　　C. 2.5　　D. 3

91. 施工现场临时用电设备在 5 台及以上或设备总容量在（　　）kW 及以上者，应编制用电组织设计。

A. 20　　B. 30　　C. 40　　D. 50

92. 电力系统和电气设备的接地，按其作用不同可分为工作接地，保护接地和重复接地等，（　　）接地属于保护接地。

A. 电气设备的金属外壳

B. 电缆或架空线在引入车间或大型建筑物处的 PEN 线

C. 变压器的中性点

D. 发电机的中性点

93. 不得不带电灭火时，人体与带电体之间要保持一定距离。水枪喷嘴至带电体（110kV 以下）的距离不小于（　　）m。

A. 2　　B. 3　　C. 4　　D. 5

94. PE 线的截面应（　　）工作零线的截面。

A. 大于　　B. 小于　　C. 等于　　D. 没有规定

95. 轨道式塔式起重机接地，应对较长轨道每隔不大于（　　）m 加一组接地装置。

A. 20　　B. 30　　C. 40　　D. 50

96. 从购置立项申请、调研工作开始，对机械设备的选型、采购、安装、调试、验收，直到投入使用这一阶段的管理，这是施工机械的（　　）管理的内容。

A. 后期　　B. 中期　　C. 前期　　D. 全过程

97. （　　）的机械选型原则，就是要符合企业装备结构合理化的要求，适合施工需要，能发挥投资效果。

A. 生产上适用

B. 经济效益最大化

C. 技术上先进

D. 经济上合理

98. 进口机械进行技术试验时，应按（　　）进行试验。

A. 现场实际情况

B. 合同具体规定

C. 设计任务书

D. 试验方案

99. 凡新购机械或经过大修、改装、改造，重新安装的机械，在投产使用前，必须进行（　　），以测定机械的各项技术性能和工作性能。

A. 检查　　B. 鉴定　　C. 试运转　　D. 技术试验

100. 进行技术试验时，进口机械应按（　　）进行试验。

A. 现场实际情况　　B. 合同具体规定　　C. 设计任务书　　D. 试验方案

101. 内燃机启动时，严禁猛加油门，应在（　　）r/min 的转速下，稳定运转数分钟，使内燃机内部运动机件得到良好的润滑，随着温度的上升而逐渐增加转速。

A. 300～400　　B. 400～500　　C. 500～600　　D. 600～800

102. 按各年的折旧额先高后低，逐年递减的方法计提折旧的方法，称为（　　）。

A. 平均年限法　　B. 快速折旧法　　C. 工作量法　　D. 直线折旧法

103. B 类机械管理要实行“三定”，合格率要达到（　　）%。

A. 100　　B. 80　　C. 75　　D. 60

104. 大型建筑机械按（　　）提取折旧。

A. 按每班折旧额　　B. 按每班折旧额和实际工作台班计算

C. 单位里程折旧额　　D. 按平均年限计算

105. 在机械使用年限内，平均地分摊继续的折旧费用的方法，称为（　　）。

A. 平均年限法　　B. 快速折旧法

C. 工作量法　　D. 直线折旧法

106. 机械登记卡片由（　　）建立，一机一卡，按机械分类顺序排列。

A. 施工项目部　　B. 机械管理员

C. 机械管理部门　　D. 谁使用谁建立

107. 施工机械台班单价是指一台施工机械，在正常运转条件下一个工作台班中所发生的（　　）。

A. 折旧费　　B. 大修理费　　C. 人工费　　D. 全部费用

108. 长期固定在班组的机械应选择（　　）内部租赁合同形式。

A. 实物工程量承包合同

B. 周期租赁合同

C. 一次性租赁合同

D. 以出入库单计算使用台班，作为结算依据

109. 建筑施工单位采用融资性租赁方式租用的施工机械，按照特定的租赁合同条件和租金条件，在一定期限内拥有对该机械的（　　）。

A. 所有权　　B. 使用权　　C. 所有权和使用权　D. 全部产权

110. 因任务变更，提前竣工，合同终止等原因，机械暂时无处周转，或因气候影响、法定假日休息、机械事故等原因造成的停置，（　　）。

A. 照常收费　　B. 免收停置费　　C. 减额收取停置费　D. 双方协商收费

111. 对机械众多零件的相对关系和工作参数如：间隙、行程、角度、压力、流量、松紧、速度等及时进行保养，属于“十字”作业法中的（　　）。

A. 清洁　　B. 紧固　　C. 调整　　D. 润滑

112. 建筑起重机械，是指（　　），在房屋建筑工地和市政工程工地安装、拆卸、使

用的起重机械。

A. 造价 100 万元以上　　B. 纳入特种设备目录

C. 用于吊装　　D. 使用期限 10 年以上

113. 塔式起重机、外用电梯、滑升模板的金属操作平台及需要设置避雷装置的物料提升机，除应连接 PE 线外，还应做（　　）。

A. 接地　　B. 重复 PE　　C. 三重接地　　D. 重复接地

114. 因养护不良、驾驶操作不当，造成翻、倒、撞、堕、断、扭、烧、裂等情况，引起机械设备的损坏。这种事故属（　　）。

A. 一般事故　　B. 重大事故　　C. 非责任事故　　D. 责任事故

二、多项选择题（以下各题的备选答案中都只有两个或两个以上是最符合题意的，请将它们选出，并在答题卡上将对应题号的相应字母涂黑。多选、少选、选错均不得分。共 20 题，每题 1.5 分，共 30 分）

115. 对电流的流向和正负极的规定，下面哪种说法是正确的？（　　）

A. 电源和负载都是以电流流入一端为正

B. 电源以电流流入一端为正，负载以电流流出一端为正

C. 电源以电流流出一端为正，负载以电流流入一端为正

D. 电源和负载都是以电流流出一端为正

E. 电源内部 E 的方向从负极指向正极，而负载内部 U 的方向从正极指向负极

116. 下面是三相负载制的有（　　）。

A. 电烙铁　　B. 卷扬机　　C. 搅拌机

D. 电扇　　E. 塔吊

117. 控制电路的首要功能是（　　）。

A. 控制电动机的启动、制动动作　　B. 控制电动机的反转、调速等动作

C. 保障安全运行　　D. 实现自动多点控制

E. 实现自动远距离多点控制

118. 建筑施工现场临时用电工程专用的电源中性点直接接地的 220V/380V 三相四线制低压电力配电系统，必须采用二级漏电保护系统，即：（　　）内均要安装漏电保护器。

A. 总配电箱　　B. 分配电箱　　C. 照明电箱

D. 动力电箱　　E. 开关箱

119. 我国根据具体环境条件的不同，规定的安全电压有（　　）电压等级。

A. 6V　　B. 12V　　C. 24V

D. 36V　　E. 50V

120. 建筑机械选型的原则是（　　）。

A. 生产上适用　　B. 经济效益最大化

C. 技术上先进　　D. 节能环保

E. 经营资格和信誉良好

121. 机械的走合期满后，应（　　）。

A. 立即交付使用

B. 更换内燃机曲轴箱既有，并清洗润滑系统，更换滤清器滤芯
C. 检查各齿轮箱润滑油的清洁情况，及时更换
D. 进行调整、紧固等走合期后的保养作业，并拆除内燃机的限速装置
E. 审查走合期记录并签章

122. 机械设备购置验收手续，以下正确的有（　　）。
A. 验收时设备购置部门的人员参加
B. 国外引进的主要设备，档案部门同时参加验收其随机技术资料
C. 验收结束，填写《固定资产验收单》，作为建立固定资产的依据
D. 验收完毕，验收人在验收单签字后，向使用单位办理交接手续后，方可投入使用
E. 验收不合格的设备，由购置部门按合同向供货方索赔，问题解决后方可验收

123. 重点机械的选定依据是（　　）。
A. 关键施工工序中可替换的机械
B. 利用率高并对均衡生产影响大的机械
C. 施工质量关键工序上无代用的机械
D. 购置价格高的高性能、高效率机械
E. 发生故障即影响施工质量的机械

124. 按照《建筑起重机械安全监督管理规定》规定，有下列情形之一的建筑起重机械，应当予以报废（　　）。
A. 属国家明令淘汰或者禁止使用的
B. 超过安全技术标准或者制造厂家规定的使用年限的
C. 经检验达不到安全技术标准规定的
D. 没有完整安全技术档案的
E. 没有齐全有效的安全保护装置的

125. 项目经理部必须建立的机械租赁管理的台账，有（　　）。
A. 在用机械台账　　B. 租赁机械结算台账
C. 租赁机械使用月报表　　D. 租赁网络台账
E. 租赁合同台账

126. 机械社会性租赁按其性质可分为（　　）两大类。
A. 融资性租赁　　B. 服务性租赁　　C. 一次性租赁
D. 周期性租赁　　E. 临时性租赁

127. 机械交接班的内容有（　　）。
A. 交清下一班工作任务　　B. 交清机械运转及使用情况
C. 交清机械保养情况及存在问题　　D. 交清机械随机工具、附件等情况
E. 填好本班各项原始记录

128. 建筑机械事故与所有的生产安全事故一样具有（　　）的特点。
A. 因果性　　B. 随机性　　C. 潜伏性
D. 不可控性　　E. 可预防性

129. 建筑机械管理人员要努力提高专业技能，做到“四懂四会”，具体内容是（　　）。
A. 懂原理、懂构造、懂性能、懂用途

B. 会鉴定、会操作、会排障、会保修

C. 懂基础、懂构造、懂性能、懂用途

D. 会操作、会排障、会检测、会保修

E. 懂构造、会操作、会检测、会修理。

130. 电动卷扬机的固定方法有（　　）。

A. 拖拉绳固定法　B. 固定基础法　C. 压重法

D. 地锚法　E. 自重固定法

131. 翻斗车在（　　）时，严禁在车底下进行任何作业。

A. 内燃机运转　B. 斗内有载荷　C. 卸料工况

D. 检修　E. 停运工况

132. 应急预案编制前应做的准备工作有（　　）。

A. 全面分析本单位危险因素、可能发生的事故类型及事故的危害程度

B. 预测可能发生的事故类型及其危害程度

C. 确定事故危险源，进行风险评估

D. 客观评价本单位应急能力

E. 编制施工组织设计

133. 鼠笼式电动机的直接启动可以采用（　　）来实现。

A. 三个单相闸刀开关　B. 三相闸刀开关

C. 空气开关　D. 铁壳开关

E. 磁力启动器

134. 冬季冰冻前，对停置不用的设备，要（　　）。

A. 逐台进行检查　B. 对重点机械进行检查

C. 放尽发动机积水　D. 加以遮盖，防止雨雪溶水渗入

E. 挂上“水已放尽”的木牌

三、判断题（判断下列各题对错，并在答题卡上将对应题号的相应字母涂黑。正确的填 A，错误的填 B，共 20 题，每题 0.5 分，共 10 分）

135. 电动势 E 的方向规定为：在电源内部从正极指向负极。（　　）

136. 三相对称负载的电路不需要接中线。（　　）

137. 施工现场临时用电设备在 5 台以下和设备总容量在 50kW 以下者，应编制用电组织设计。（　　）

138. 新机械经技术试验合格后投入生产，初期使用管理时限一般为半年左右（内燃机要经过初期走合的特殊过程）。（　　）

139. 规范而有效的前期管理，是整个机械设备管理工作的前提和基础。（　　）

140. 在技术试验过程中，如发现不正常现象或严重缺陷时，应边试验边检查，务必查出问题、排除故障。（　　）

141. 凡新购机械或经过大修、改装、改造，重新安装的机械可直接投入使用。（　　）

142. 建筑机械使用管理的经济性，要求在可能的条件下，使单位实物工程量的机械

使用费成本最低。 （ ）

143. 国务院《特种设备安全监察条例》依据特种设备安全事故所造成的人员伤亡和直接经济损失等情况，将事故分为责任事故和非责任事故两大类。 （ ）

144. 机械事故发生后，如涉及人身伤亡或有扩大事故损失等情况，应视情况的紧迫程度，或首先组织抢救设备，或首先救人。 （ ）

145. 单机核算是机械核算中最基本的核算形式，它是对一台机械在一定时期内维持其施工生产的各项消耗和费用进行核算。 （ ）

146. 建筑机械购置的技术论证包含运行费、维修费等内容。 （ ）

147. 超过一定使用年限的起重机械应由有资质评估机构评估合格后，方可继续使用。 （ ）

148. 起重机械安装时，安全技术交底应在开工阶段进行。 （ ）

149. 机械正确使用追求的高效率和经济性，可以建立在发生非正常损耗的基础上，否则就不是正确使用。 （ ）

150. 建设工程施工前，施工单位负责项目管理的技术人员应当对有关安全施工的技术要求向施工作业班组、作业人员作出详细说明。 （ ）

151. 三相对称负载的电路不需要接中线。 （ ）

152. △形连接的三相对称负载，线电流 I_X 不等于相电流 I_P。 （ ）

153. 电动建筑机械，不得采用手动双向转换开关作为正、反向运转控制装置中的控制电器。 （ ）

154. 机械事故发生后，如涉及人身伤亡或有扩大事故损失等情况，应视情况的紧迫程度，或首先组织抢救设备，或首先救人。 （ ）

四、计算题或案例分析题（请将以下各题的正确答案选出，并在答题卡上将对应题号后的相应字母涂黑。共3大题14小题，其中单选题5题，每题1分，多选题6题，每题2分，判断题3题，每题1分，共20分）

（一）工地临时用电线路较长，用电设备较多，临时用电安全是施工顺利进行的保障。

155. 分配电箱和开关箱的距离不得超过（ ）m。（单选题）

A. 10　　B. 20　　C. 30　　D. 40

156. 开关箱与其控制的固定式用电设备不宜超过（ ）m。（单选题）

A. 1　　B. 2　　C. 3　　D. 4

157、经计算，照明线路的负荷电流为10A，选择熔丝的额定电流应为（ ）A。（单选题）

A. 7.5　　B. 10　　C. 12　　D. 20

158. 照明器、开关的安装应牢固可靠，（ ）。（多选题）

A. 灯头距地面的高度一般不应低于2.5m

B. 拉线开关距地面高度为2～3m

C. 其他开关不应低于1.3m

D. 明装插座不应低于1.3m

E. 拉线开关距地面不低于1.8m

159. 同一台机械电气设备的重复接地和机械的防雷接地不可共用同一接地体。（ ）

(判断题)

（二）某建筑企业承接了一座涉外五星级饭店的施工任务，公司设备部在进行前期可行性调研、技术经济论证后，购置了一批施工机械，有塔式起重机、施工电梯、砼输送泵、砼搅拌站、装载机、砼搅拌站等。验收合格后交付现场投入使用。

根据以上背景，回答下列问题：

160. 施工机械的购置论证包括技术论证和经济论证。论证是购置决策的基础。技术论证的内容有（　　）。(多选题)

A. 安全可靠性　　B. 投资额　　C. 可维修性

D. 环保性　　E. 收益

161. 施工机械的购置内容包括技术论证和经济论证。论证是购置决策的基础。经济论证的内容有（　　）。(多选题)

A. 运行费　　B. 投资额　　C. 维修费

D. 收益　　E. 维修性

162. 机械选型的原则是：（　　）。(多选题)

A. 生产上适用　　B. 技术上先进　　C. 经济上合理

D. 效益上最大化　　E. 操作简单灵活

163. 施工机械的耐用性是指机械设备的结构对于维修的适应性，即在规定条件下和规定时间内完成修复作业的概率。（　　）(判断题)

（三）某区（县）一工地塔式起重机施工过程中出现吊物坠落伤人事故。接到事故报告后，施工单位主要负责人 2 小时后才向有关部门报告。经调查，该事故死亡 1 人，重伤 1 人，直接经济损失 35 万元。该施工单位对这起事故负有责任。

根据以上场景，回答下列问题：

164. 按照机械事故的分类标准，此事故定为（　　）。(单选题)

A. 一般事故　　B. 大事故　　C. 重大事故　　D. 特大事故

165. 事故发生单位主要负责人有迟报事故行为的，处上一年年收入（　　）的罚款。(单选题)

A. 10％至 20％　　B. 20％至 50％　　C. 40％至 80％　　D. 60％至 100％

166. 事故发生单位对事故发生负有责任的，依照规定处（　　）的罚款。(单选题)

A. 10 万元以上 20 万元以下　　B. 20 万元以上 50 万元以下

C. 50 万元以上 200 万元以下　　D. 200 万元以上 500 万元以下

167. 根据《建筑起重机械安全监督管理规定》建筑机械使用过程中应当（　　）。(多选题)

A. 在建筑起重机械活动范围内设置明显的安全警示标志

B. 对集中作业区做好安全防护

C. 指定专职设备管理人员进行现场监督检查

D. 指定专职安全生产管理人员进行现场监督检查

E. 建筑起重机械出现故障或者发生异常情况的，要立即消除故障和事故隐患，确保机械正常运转。

168. 事故处理按照“四不放过”的原则进行，将事故的详细情况记入机械档案。（　　）(判断题)

《机械员》模拟试题参考答案

第一部分　专业基础知识（共60分）

一、单项选择题

1. A	2. C	3. D	4. B	5. B
6. C	7. B	8. D	9. D	10. A
11. A	12. B	13. C	14. D	15. A
16. A	17. A	18. D	19. C	20. B
21. D	22. B	23. D	24. C	25. B
26. C	27. A	28. D	29. C	30. A
31. A	32. C	33. A	34. A	35. A
36. C	37. C	38. A	39. B	40. B

二、多项选择题

41. A、B、C. D	42. A、B	43. A、C、E	44. A、B、D、E
45. A、B、D、E	46. A、B	47. A、C、D、E	48. A、B、D、E
49. B、D、E	50. A、B、C、D	51. A、B、D、E	52. A、B
53. B、C	54. C、D	55. A、B、D、E	56. A、C、D、E
57. A、B、D、E	58. A、B、D、E	59. A、B、D、E	60. A、C、D、E

三、判断题

61. A	62. B	63. B	64. B	65. A
66. B	67. B	68. A	69. A	70. A
71. A	72. B	73. B	74. B	75. A
76. B				

四、计算题或案例分析题

77. A	78. A	79. A、C、D、E
80. A、C、D	81. A、B、C	82. A
83. A、B、C	84. A	

第二部分　专业管理实务（共90分）

一、单项选择题

85. C　86. C　87. D　88. C　89. B
90. A　91. D　92. A　93. B　94. B
95. B　96. C　97. A　98. B　99. D
100. B　101. C　102. B　103. B　104. B
105. A　106. C　107. D　108. C　109. C
110. B　111. C　112. B　113. D　114. D

二、多项选择题

115. C、E　116. B、C、E　117. A、B
118. A、B、E　119. B、C、D　120. A、C、D
121. B、C、D、E　122. B、C、D、E　123. B、C、D、E
124. A、B、C　125. B、C 、D、E　126. A、B
127. B、C、D、E　128. A、B、C、E　129. A、D
130. A、B、C、E　131. A、B、C　132. A、B、C、D
133. B、C、D、E　134. A、C、D、E

三、判断题

135. B　136. A　137. B　138. A　139. A
140. B　141. B　142. A　143. B　144. B
145. A　146. B　147. A　148. B　149. B
150. B　151. A　152. A　153. A　154. B

四、计算题或案例分析题

155. C　156. C　157. C　158. A、B、C、D　159. B
160. A、C、D　161. A、C、D　162. A、B、C　163. B　164. A
165. C　166. A　167. A、B、C、D　168. A